目錄

腹黑經商史

Duplicity Businessman

崔英勝 季節 著

美國大膽╳猶太心機╳日本巧取，
不懂商人一肚子壞水，下一秒就被生吞活剝！

● 想要成為一名成功的商人，
就一定要先熟悉世界商道

了解不同地區的商人特點！
研究不同民族商人的民族性格、民族文化！
洞悉各國商人的經商法則、經營之術！
借鑑其經商之道，探討其經商智慧！

前言

從人類最初的物物交換，到後期的貨幣流通，商業從形成至今已有幾千年的歷史。比如早在三千多年前的中國商朝，商業就十分發達，有「商葩翼翼，四方之極」之稱，後世便把那些善於經商的人統稱為「商人」。在商業歷史漫長發展的過程中，由於地區、民族、文化習慣差異等，便出現了各具特色的商業之道，而在全世界商業佼佼者中，猶太民族無疑是首屈一指的。

猶太民族有著大約五千年的歷史，但卻多災多難，曾經數次失去祖國，四處飄泊，屢遭屠戮。由此，猶太民族也被稱作是「唯一縱貫五千年、散居五大洲的世界性民族」。而在長達兩千多年的散居生涯中，猶太人這種特殊經歷造就了民族強大的生命力與無與倫比的適應力。那些世代為商的猶太人才思敏捷，善於判斷並富有冒險精神。在他們的心目中，生意無國界，他們面對陌生的環境，尋找發展自己的契機，一旦發現了突破口，哪怕只有百分之一的希望也絕不放棄。如今，在全世界的億萬富翁中，大約有百分之三十是猶太人，當中湧現出了大批世界級的科學巨匠、思想藝術大師、頂尖政治家、卓越外交能手、石油王國鉅子、傳媒帝國巨擘、華爾街天才精英、好萊塢娛樂大亨等，甚至全世界的銀行業，都會因為猶太商人的策略介入受到影響，猶太人也得到了「世界第一商人」的美譽。

不過，除了猶太民族以外，世界上其他的優商民族也不容小覷，比如日本人、韓國人，都是在經歷二戰洗禮之後，雨後春筍般只用了短短幾十年時間就崛起；再比如一直獨掌世界財權的美國人、大國大腕的俄羅斯人、精明務實的德國人……每個民族都有其各具特色的經商策略，都有其值得我們借鑑的經營之道。

在競爭激烈的今日，靠偶然的機會成為暴發戶的機會微乎其微，沒有現代化的卓越經營理念，不可能在現今的商海中立足，「走向世界」成為商人的經營問題。了解不同地區的商人特點、洞悉各國商人的經商法則，已經成為一個現代商人的基本素養，也是商場取勝的關鍵。

本書介紹了最具代表性的十種經商民族的商業策略，包括美國人、猶太人、日本人、俄羅斯人、英國人、法國人、德國人、韓國人、印度人和阿拉伯人。由於受到某些條件的限制，書中難免存在紕漏和不足，還敬請廣大讀者指正。

第一章

美國商道：財富不過是心中的一個夢

驚濤駭浪，風雨兼程，為什麼成千上萬的人拋棄故土，遷居美國？飢寒交迫，疲乏困頓，為什麼這些人仍舊挖空心思，殫精竭慮？因為他們心中有一個夢。在這個夢裡，一文不名的窮光蛋可以變為揮金如土的巨富，落魄的灰姑娘可以變成高貴的公主。這樣的夢想可以成真嗎？也許不會，但又完全可能，因為這是美國！

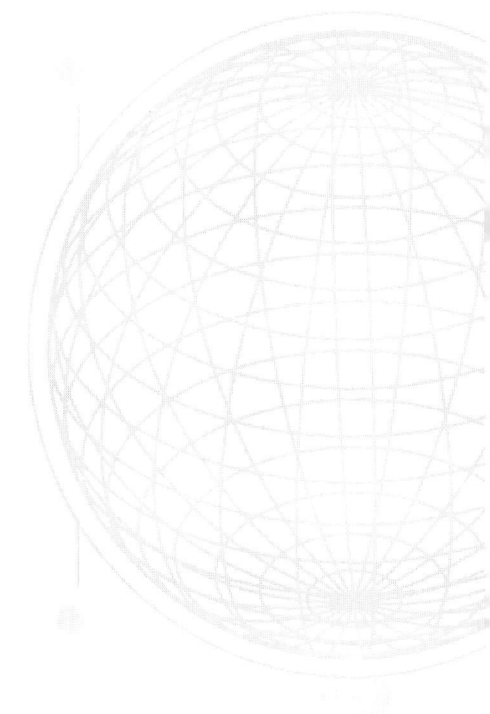

1. 野心成就了美國大亨

對全世界大部分國家的人來說，美國是一個夢，從哥倫布發現新大陸到現在不過數百年時間，它就由一個純粹的荒蕪之地，搖身一變而成為最富有的國度，而且還充滿了許多奇幻的迷人光彩。

現在自稱美國人的，包括他們的祖先在內，在這塊土地上居住的時間，也不過幾百年而已，這比起歐洲、亞洲的古老文明，簡直不可同日而語。但是，美國人在短短數百年內，卻取得了令歐洲乃至全世界瞠目結舌的成就。

正如籃球運動，並非源自於美國，但卻被美國人玩到了最高的境界，以致美國籃球隊只要是去參加世界大賽，都會被譽為「夢幻籃球隊」，即使這「夢幻籃球隊」中，全是由他們國內二三流的明星組成，也能所向披靡，輕鬆摘取桂冠。

美國讓世界驚嘆，美國短暫歷史時間內所聚集起來的財富和國力的強大讓整個世界都驚嘆。

富爾敦的輪船、愛迪生的電燈、福特的汽車生產線、泰勒的科學管理以及殺人的原子彈、載人的太空梭……無不誕生在這個年輕的國度，無數「奇蹟」吸引著人們去思考、去探索、去求證：美利堅，那塊讓星條旗覆蓋著的神奇大陸，究竟意味著什麼？

美國是一個純粹由移民組成的國家，嚴格來講，最早居住在這片土地上的土著印第安人，已經不再是具有真正意義的美國人，自稱是現代美國人的，全都來自世界其他國家和地區，而且有據可查。

最早登臨這片土地的移民，是英國殖民者。他們隨身攜帶殖民船隊和槍炮踏上這片土地的同時，也懷揣著對未來生活的夢想和野心。

隨著第一批淘金者的成功，許多英國及歐洲其他國家的普通老百姓，都被這塊大陸的神奇和富饒所吸引，紛紛攜家帶眷、背井離鄉，前來開闢新天地。

陸續由歐洲遷入美國的新移民，不再局限於英國，但毋庸置疑的是，遠道而來的人們，無論經歷了怎樣的艱難困苦，他們骨子裡都沸騰著希望、夢想和進取的血液，數百年過去了，新大陸移民的來源和成分已經越來越複雜了，唯一不變的，是他們對未來的夢想與野心。

十九世紀最偉大的美國通俗小說家霍瑞修·愛爾傑在他的一百多部作品中，生動描繪了一個個出身低微的窮苦少年，憑著艱苦的勞動和執著的夢想戰勝困難，最終贏得了財富和榮譽。這些故事幫助人們織就了光輝燦爛的「美國夢」。

在美國的現實社會中，一個個企業大亨、商界鉅子的發家史，又讓你處處感覺到那些天方夜譚式的夢想並非遙不可及。

美國經濟的飛速發展，創造了一個又一個的人間奇蹟。在美國最受歡迎的暢銷書作家拿破崙·希爾，同時也是創造富豪的權威，他的許多著作文筆流暢而又平易近人，但始終熱情激昂。他一再強調個人野心之於致富成功的重要性，並為每一個人設定了一套把致富野心轉化為具體財富的步驟方法：就是制定一個具體行動的計畫給自己的希望和夢想，然後每天都要檢查自己的實施結果，並朗讀兩遍自己的目標計畫，來拉近自己和夢想之間的距離，不斷強化自己的信念和決心。

拿破崙·希爾的這套辦法在美國人中形成了前所未有的狂熱，據說許多人就是照著這一指引，實現了自己的理想。

希爾頓被稱為飯店大王，出身卑微，他取得成功後，再回頭總結，仍非常推崇夢想對改變人生的關鍵作用。他說：「完成大事業的先導是夢想，禱告和工作是夢想的手和腳。或許，在成功的路上偶爾有些運氣的成分存在，不過若沒有一份完美的宏偉藍圖，一切都是白費。」

他還說：「夢想和空想是截然不同的。空想是白日做夢，永遠難以實現。夢想也不是神的啟示。我所說的夢想，是指人人可及，以熱忱、精力、期望作為後盾的一種具有想像力的思考。」

為了實現自己的夢想，希爾頓歷經數次困難、心碎、掙扎，依然初衷不改，終於在旅店業找到了他的好運，從而贏得了「旅店大王」的美譽。

每個人都會有夢想，特別是處在孩子的年齡，夢想是充滿誘惑、五彩斑斕的。讓人難以理解的是，許多東方人稍一長大，就板起老氣橫秋、看破紅塵的面孔，失去了童真，失去了夢，也失去了活力。

美國商人的夢想是他們前進的動力，也是他們獲取成功的保證。

美國人做著代代相傳的繁榮之夢，他們夢想成為總統，夢想成為工業巨頭，夢想成為棒球明星，夢想在新大陸上匯集世界最巨大的財富，最先進的科技，最優秀的人才，他們夢想所有的耕耘都能贏來收穫。他們手中擁有的最大幸福，也許就是夢想本身，那也正是美國人極其珍視的東西。

通觀美國商界，沒有哪位發家的大亨不具「做美夢」的野心，他們的光榮幾乎就築在夢想之上。無盡的追求和越來越大的夢想，伴隨他們滾雪球般劇增著自己的財富。

人生必須有野心，賺錢也必須有目標。沒有美國，則沒有「美國夢」；沒有「美國夢」，還會有美國的今天嗎？

其實，美國也不是一塊遍地流金的熱土，尤其西部的開發，是許多充滿夢想者前仆後繼、努力不懈的結果。

敢於夢想，是通往成功的基礎，所有的成功都是從最初的夢想和野心開始。 因為強烈的創富野心是創業、取得成就的原始動力。當然，在實現創業的過程中，不能忽視「財富取之有道，方能源遠流長」的道理。把野心和行為結合起來，敢於挑戰命運，勇於戰勝艱難險阻，成功的道路才會一路暢通。

不要因為自己沒有優越條件，而放棄致富的念頭。不要因為自己現在還「一窮二白」而缺乏自信。人之所以為人，說明一個人活在世上終歸是要有一點精神的。作為一名創業者必須存在一點近乎「野心」的欲望，才可能使你有膽量去追逐別人所不敢奢望的成就，才可使你竭盡全力釋放出大量的能量。

2. 有膽量才有產量

走別人未曾走過的路，說來容易，但要具體去做，並非每個人都能做到。美國人天生具有敢為天下先的冒險精神，大膽追求成功，造就了美國各行各業的快速發展。

美國人崇尚「風險越大收益的絕對值越大」的經濟學原理，在商業經營中喜歡冒險獲取利潤。沒有冒險，巨大的成功來得總是太慢，利潤越高風險越大。大凡成功者都有某種程度的賭性，「不入虎穴，焉得虎子」是他們創造機會的最佳寫照。

美國人將冒險精神稱之為勇氣，具有冒險精神的人更傾向於獨自面對嚴峻形勢的挑戰，並且能夠承受重大的挫折和打擊。正是這些特質使他們成為人們心目中的企業家、商人、領袖和冠軍，他們能在逆境中給人強大的激勵。

美國經濟學家熊彼得說：「商人能夠預見到新的投資領域或新的盈利機會，敢於冒險，敢於投資，從而謀取額外利益。商人不是投機商，而應是一位大膽創新、敢於冒險、注重積累的開拓型人才。」

幸運喜歡光臨勇敢的人，冒險是表現在人身上的一種勇氣和魄力。冒險與收穫常常結伴而行，險中有夷，危中有利。商人要想有卓越的結果，就應當敢於冒風險。雖有成功的欲望，卻不敢冒險，怎麼能夠實現自己既定的目標？

希望生意成功又怕擔風險，往往就會在關鍵時刻失去良機，因為風險總是與機遇聯繫在一起的。從某種意義上說，風險有多大，成功的幾率就有多大。由貧窮走向富裕需要的是把握機遇，而機遇是平等鋪展在人們面前的一條通道。具有過度安穩心理的人常常會失去發財的機會。所以，人生就要抓住稍縱即逝的機會，過度謹慎就會失去它。

那些成功的商人，並不一定是因為他比你「會」做，更重要的是他比你「敢」做。美國速遞大王聯邦快遞公司的總裁菲德里克·史密斯就是其中的一個。

弗雷德·史密斯先生說：「我認為，企業家一詞在某種程度上應當賦予它賭徒的含義，因為，在許多時候，採取冒險行動並不是最危險的，最危險的倒是坐失良機。」可見，冒險並不可怕，可怕的是坐失良機。

一九六二年，史密斯進入耶魯大學，專攻經濟學和政治學。他上大學三年級的時候，寫了一篇學術論文，分析運輸業的現狀。史密斯認為，如果開辦一家運送諸如醫藥和電子元件之類需要優先考慮的、時間性極強的貨物公司，一定會大有市場的。

這種見解無疑十分有見地，可是，卻沒有人欣賞他，因為這是一件非常冒險的事情，沒有人願意去冒這種風險。

一九六九年，史密斯決定自己創業，去冒險，去實現心中的夢想。

他首次冒險經歷是著手買下了阿肯色州飛機銷售公司的大部分股份，這家公司經常虧損，顯得沒有什麼前途。但史密斯接手後，改善了經營狀況，他把這家公司變成購買和出售舊噴氣飛機的交易場所，這種變革很成功，在短短的兩年內，收入增加到九百萬美元，利潤達二十五萬美元。

初嘗甜頭之後，史密斯開始著手更大的冒險，進行近似於賭徒式的投資。

在這一時期，史密斯仔細考慮了建立一個能在一夜工夫就把小包裹傳遞到目的地的公司的計畫。

經過一系列的調查論證之後，史密斯開始籌辦這種公司。史密斯大膽孤注一擲，拿出他所有的本錢八百多萬美元做資本，準備大幹一場。他的這種投資膽量影響和吸引了一些投資者，他們紛紛加盟，又增加了四千萬美元的投資。幾家銀行這時也對這一行為產生興趣，投人了四千多萬美元。於是這個公司總投資額高達九千萬美元！這在當時是美國有史以來企業作出的最大的單項投資。

一九七一年六月一日，公司成立了，這便是「聯邦快遞公司」。

從一九七一到一九八〇年，公司的總收入已達五點九億美元，事實證明史密斯的投資是十分正確的。

史密斯說：「我們的冒險終於有了回報。事實證明，我們的冒險不是盲動，而是富有卓識遠見的投資行為。」

因為主動出擊，史密斯終於成了美國的快遞大王。美國的商業學校還把他的冒險創業經歷作為創業典範加以分析研究。

冒險常常和成功是相伴在一起，冒險的價值不僅僅是它可以把握機會，更重要的是這樣的行動本身同樣可以創造出機會。看準行情，大膽下注，財富便會滾滾而來。美國紐約曼哈頓區的華爾街是世界著名的金融中心，世界最富有的街道和投機者嚮往的樂園。在華爾街的發展史中曾湧現出無數的風雲人物，海蒂·格林夫人就是其中一位赫赫有名的女性，她被譽為華爾街上的女巫。

格林夫人精明能幹，她在麻薩諸塞州繼承了約六百萬美元的財產。她不想坐吃山空，更不願過一般貴夫人養尊處優的生活，她要做一番轟轟烈烈的事業。於是她雄心勃勃隻身來到紐約，投身於冒險刺激的股票行業。

格林夫人的手提包裡常常帶著充飢的餅乾，當然也有各種零零碎碎的紙片，顯得著實可笑。其實，你別看她表面衣著樸素，生活節儉，正是在這個看來似乎古怪的行為後面，格林夫人卻暗暗從事百萬美元的大宗買賣，表現出了能與男子競爭的智慧和冒險精神，也使許許多多其他的股票商望而生畏，甚至破產。

格林夫人在華爾街經過幾十年辛苦奮鬥，忍受了一般人難以忍受的打擊和冒險，終於取得了成功。在她一九一六年去世時，財產從六百萬變成了一億美元，成了美國最富有的女性之一。

美國有諺語：「冒險裡面有天才、勇氣和魔法。」「勇氣喜歡跟利益聯姻。」由此可以看到美國人的冒險精神。

在風險面前膽怯的人不敢去做前人未做過的事，當然也不會體驗到冒險的刺激與成功的喜悅，結果永遠也不會有什麼作為，甚至被時代所拋棄。商業經營上的成功常常屬於那些敢於抓住時機、敢於冒險的人。

3. 創新與變革是商道中永遠適用的法則

美國商界有句格言：「經營就是要以變應變」。戲法人人會變，各有巧妙不同。在各種市場競爭環境變化挑戰面前，美國經營者懂得變通的本領，以萬變應萬變，想顧客之所想，急顧客之所急，幫顧客之所需。

在急劇變化的年代，變是唯一不變的真理。商界充滿著機遇和挑戰，情況變化了，如何巧於周旋以變應變？在科學技術日新月異的今天，因循守舊的人在變化的局勢下很難有所轉機，唯有適應時勢的需要而革故創新，才能抓住商機，成為行業的先鋒，獲得更多的財富。

要想把事業做大，就不能只沿著一條路走下去，不創新、不前進，最終會被時代發展的大潮所淘汰。商人要想保持事業長盛不衰，就必須隨時自我更新。自我更新不僅僅是產品的創新，還要有管理上的創新，以適應不斷變化的市場需求。

美國英特爾公司可以說是世界上電腦硬體業的中堅。但進入一九八〇年代後，英特爾公司出現了經濟滑坡，原因有兩條：一是美國經濟不景氣，二是公司沒有選擇正確的行銷策略。這裡可以看出，僅有技術創新是不夠的，還必須有管理上的創新，改變以往的行銷策略，才能躋身當今的市場。當時日本半導體業已經崛起，他們擁有受保護的國內市場、低利貸款、政府提供或贊助的資金、合作式的研究開發，以及業務發展上的支援。在短期內，日本公司甚至不必擔心能否賺到錢。

在這種情形下，美國公司所採取的策略通常是不斷創新技術，推出新產品和新的製造程序，由此占有最有利的市場，獲得高額利潤。

一九八一年，英特爾公司正式開發了一種記憶晶片即2764EPROM。該晶片用以存放一些可供重複操作的電腦程式，以便電腦能夠重複做某些動作。其最大特點是，如果要改變晶片中存放的內容，只需把舊內容消掉再存入新內容即可，而不必開發新晶片，在此之前，記憶重複性程式的晶片必須根據不同使用目的而特別設計，這種設計耗費的成本相當高。

新產品開發成功後，下一步是如何制定有效的行銷策略。根據以往的經驗，繼續採取以往的策略很難在新產品投入市場之後與日本人競爭。為此，英特爾公司把經理鮑伯·德比從日本召回。德比在日本待了兩年，對日本的行銷策略有較深的了解。他建議：立刻推出該晶片，以取得領先優勢；採用一種和過去截然不同的製造方式；低價供應該晶片（在第一年上市期間，單價為十六美元，而按照以往的做法，價格應定在七十美元），並使品質和產量立刻提高到日本人無法追上的水準，直接侵入日本市場。

德比的建議引起了英特爾公司的極大震動。這是因為，該建議所要求的產量在過去從未達到過，所要求的品質從未在初期生產階段就達到過。一直到德比的建議得到了負責 2764EPROM 專案的艾德·蓋爾巴克的贊同後，情況才開始好轉。

最後這個產品終於製造出來了，而且在品質方面也進步得相當快。不久之後，日本的富士通公司打算來考驗一下英特爾公司大量交貨的能力。他們提出一份兩萬四千個產品的訂單，並要求在三個月內交貨。這使得生產部門瘋狂挑出每一個可用的晶片，以達成生產目標。從那時起，成功就有了保證。由於2764EPROM 的創新性和上市時的聲勢，使得這種晶片成為最暢銷的產品，在日本市場的直接攻奪戰也獲得了成功。

英特爾公司終於在這個市場中保住了霸主的地位。毫無疑問，英特爾公司就是憑藉高科技創新成為霸主的。

故步自封是無法應付棘手問題的，必然會把自己帶入一個動亂的世界。在當今激烈競爭的市場上，沒有一項產品能永遠占據市場。企業要想持久占領市場，必須把產品開發作為企業生存發展的關鍵。只有產品不斷更新換代，管理策略不墨守成規，這樣才能適應不斷變化發展的市場需求，以及科學技術迅速發展和產品週期不斷縮短的趨勢，否則，難免會在競爭中敗北。

創新是一種具有高度自主性的創造性活動，依賴於員工的積極參與和真誠投入。企業的以變應變離不開員工的創新能力。全球各地，各行各業的企業都面臨著同樣一個重大課題，即如何釋放創新的巨大潛力。現代企業要在紛繁多變的市場經濟的不平衡中尋找企業發展和獲利的機會，領導者必須要鼓勵每個員工主動創新。

比爾·蓋茲反覆向員工強調：「微軟離破產永遠只有十八個月」，意在使員工保持創新的緊迫感。然而，值得讓人注意的是，在有些企業中，不但員工對現狀感到滿意，領導者也同樣安於現狀，就好像整個企業都被魔咒催眠了似的。在這種情況下，形勢可能嚴重到使許多惡兆紛至遝來，但是著了魔的人仍然渾然未覺。因此，企業管理者不僅要有變革思維，還應該引導企業員工用「以變求勝」的態度去關心企業，這是至關重要的事情。

美國人做什麼都能賺錢，因為他們懂得不斷創新，在新奇上面下足功夫。人們大多都有一種求新的欲望，如果你把握了這一點並努力為此做事，那麼你的事業就會不斷發展。

當今世界，一日千里的技術革新，逼迫著企業家們做出選擇：要麼率先研究、發明、創新，將你的標準強加於人；要麼寄人籬下，順應他人制定的標準，跟在人家後面亦步亦趨。故步自封只會走向末路，唯有適時革故創新，才能把握住商機，成為行業的先鋒，獲得更多的財富。

4. 認準方向就堅持到底

普通人之所以不能成功，並非因為他們沒有追求目標。他們缺少的只是「一個」目標。因為他們的目標太多，無法將精力集中到一個點上；遇到難關就放棄，又轉到別的目標上。這就好比走路一樣，這條路上走走，又折回來，在另一條路上走走，結果總在原地轉圈子。

一八五四年，美國企業家賽勒斯·菲爾德和他的兄弟制定了一個大膽的計畫：把新斯科細亞省和紐芬蘭省透過海底電報電纜連線起來。

對賽勒斯來講，這實在是一個有趣的專案。不過，僅僅是連接加拿大境內的兩部分他似乎覺得還不是很滿足。賽勒斯的目光越過美洲，一下子看到了英國，為什麼不透過海底電報電纜把兩個大陸連接起來？這才是一個真正有卓識遠見的偉大任務。

隨後，他就全身心開始推動這項事業。整個工程十分浩大。賽勒斯使盡渾身解數，總算從英國政府那裡得到了資助。然而，他的方案在議會遭到了強烈反對，在上院僅以多一票多數通過。隨後，賽勒斯的鋪設工作就開始了。

但是，事情並沒有計畫的那麼簡單。電纜的一次次不幸中斷，讓參與此事的很多人都洩了氣，公眾輿論也對此流露出懷疑的態度，投資者也對這一專案失去了信心，不願再投資。

如果不是賽勒斯，如果不是他百折不撓的精神，不是他天才的說服力，這一專案很可能就此放棄了。但當電纜再次全部鋪設完畢，中途沒有中斷，甚至幾條消息也透過這條漫長的海底電纜發送了出去，這顯示似乎一切已經大功告成了，可是偏偏這時，電流突然又中斷了。

所有人都絕望了，除了賽勒斯和一兩個朋友之外。賽勒斯依然沒有放棄，經過堅持不懈的努力，他又一次找到了投資人，再次開始新的嘗試。開始一切都很順利，但最後在鋪設橫跨紐芬蘭六百英里電纜線路時，電纜又突然折斷了，掉入了海底。於是，這項工作就耽擱了下來，而且一擱就是一年。

困難，挫折，賽勒斯仍沒有被嚇倒。拚著一股執著的力量，他又組建了一個新的公司繼續從事這項工作，而且製造出了一種性能遠優於普通電纜的新型電纜。然後，新一次試驗又開始了，並且順利接通發出了第一份橫跨大西洋的電報！

第一個使用這條線路的客戶竟然是英國的維多利亞女皇。她發了一封一百零三個字的電報給美國總統。不過，由於信號太弱，這封電報花十六個小時才被破譯出來。當第一個信號穿越過大西洋海底的時候，那是賽勒斯一生中最感到榮耀的時刻。

可是沒多久，事情開始慢慢變得有些不妙。信號變得越來越弱。又過了一兩個星期，有一位技術人員決定要把「音量調大」，他把信號傳輸從六百伏加大到兩千伏。這一下，事情搞砸了。不知道在大西洋廣大海域深處的哪一段電纜被燒毀了。

整個線路摧毀了。同時被摧毀的還有賽勒斯的聲譽。

這個挫敗刺痛了賽勒斯，他又組建了一個電報電纜公司，並開始籌集資金。不過，尋找資金來源是一件很令人頭痛的事。他本人已是聲名狼藉，在他的第一次冒險中又已經使數百萬美元付諸東流。此時此刻，人人都是驚弓之鳥。但賽勒斯沒有放棄，依然充滿誘惑的向人們述說橫越大西洋電報的無窮優勢和機會。

八年堅韌不拔的努力終於成就了他的事業。一八六六年七月，一艘名為「偉大東方」的巨輪接近了新大陸海岸。它在大西洋海底成功鋪設了電報電纜。任務完成了，夢想實現了。就在這短短的一瞬間，海洋和世界的距離被永久縮短了。以往要用幾個星期才能經海運傳遞到的資訊，如今只要幾分鐘就可以穿越大西洋了。

諸多的美國成功人士都是這樣取得成功的，賽勒斯只是其中的一員。在美國，大到跨國公司的總裁，小到小雜貨店的掌櫃，就他們的工作特性、肩負的重任來說，都是一樣的老闆。當我們檢視這些大大小小的老闆時，我們會發現，凡屬成功的或具有成功前途的老闆，絕大多數都是具有堅韌不拔精神的人。他們不甘於平庸的生活，希圖有獨立創業的機會，他們比一般人更具頑強的精神，更富有自我挑戰的勇氣。成功的欲望是使他們步入成功的原動力。他們也有過失敗，但執著使他們永不言敗，從不向失敗低頭，而且愈挫愈勇，奮勇爭先。

奧運金牌得主不光靠他們的運動技術，而且還靠他們堅持不懈的精神，商界領袖同樣如此。遠大的目標就是推動人們前進的夢想，實現夢想卻需要長期堅忍不拔的精神。隨著這夢想的實現，你會明白成功的要素都包含什麼。沒有遠大的目標，人生就沒有瞄準和射擊的目標，就沒有更崇高的使命能給你希望；選定目標而絕不放棄，才不至於在成功路上半途而廢。有了理想，你就看清了自己想取得什麼成就。有了目標，你就有一股無論順境逆境都勇往直前的力量，堅持不懈便使你能取得超越你自己能力的東西。

商場上的勝利，得來也非易事，一旦立定目標，就要有打硬仗的心理準備，認準一個方向，逢山開路，遇水搭橋，奮勇前進，絕不回頭，才會到達理想的目的地。

5. 狂熱追逐金錢的欲望

市場就是金庫，顧客就是金錢。愛錢的美國人千方百計、不遺餘力的「錢經」之道，對我們每一個經營管理者都大有啟發。

美國是一個善於做生意的國家，美國經濟獨步世界，沒有任何一個國家像美國這樣把生意做得那樣成功。財大氣粗的富豪在美國比比皆是，聳立於紐約的帝國大廈像一篇凝固的樂章，不斷用激昂的旋律演奏著美國經濟的進行曲。

來自世界不同角落的人種組成的美國人，在蠻荒的曠野裡開闢出了一個財富豐饒的新世界，也以辛勤的汗水培養出一種獨特的「美國精神」；美國人以卓越的物質文明孕育起一個驕傲的民族，也為人類點輟了他們獨特的光榮和夢想。

在美國的土地上，錢在某種程度上，是統治社會的「魔杖」。

對待金錢，既要像朋友，又要像陌生人。如果因金錢而折磨自己，人生就會變得狹窄，如果用一種坦然心態去追求，那麼你的人生本身就已經擁有金錢。

把錢敬之如神，把賺錢視作人生追求，美國商人懷著這樣的心態馳騁商場，終於創造了一個又一個商戰奇蹟。

有人曾對美國眾多白手起家的百萬富翁的早期心理深入調查分析，發現他們有一個共性，即對金錢的強烈欲望。當然，這並不就是說任何具有財富欲望的人都能白手起家，因為事業的成功是主、客觀因素和諧統一的結果，機遇是成功的客觀因素。欲望、才幹是成功的主觀因素。一個創業者如果具備了成功的主觀條件，遇上適當的時機就有可能會脫穎而出。如果沒有創業的欲望，那麼即使機會擺在面前，即使具備一定的才能，也很難獲得成功。所以，沒有成為「有錢人」的強烈欲望，就永遠不可能創造出巨大的財富。

美國某報曾在青年中做了一次民意測驗，其中一項測驗內容是：你現在最崇尚什麼職業？為什麼崇尚？面對這一問卷，百分之八十的被調查者的答案是：經商，能夠賺大錢。因為這種職業既冒險，又充滿刺激；既有挑戰性，又最能激發人的潛能與才智。

這一直率的回答從側面反映出金錢作為流通貨幣在商品經濟社會裡的能量和作用。可以這樣說，是金錢讓美國人「動」了起來。不過也有一些人雖有賺錢的衝動，可是在困難和時間面前難以持續較長的時期，有的甚至極少付諸行動，成了一個個的「空想家」。

為了賺錢，美國人拚命工作，頑強鑽營，從而造就、湧現了一批批商業之神、行業鉅子。

為了賺錢，美國人經歷了其他民族很少經歷的各種艱難險阻，也獲得了其他民族很少能夠獲得的機會。

心理學家透過對社會經濟學的研究，得出的結論是：致富的欲望是創造和擁有財富的源泉。因而，一個人一旦滋生了這種欲望，便應當立即著手，經過自我暗示和對自己意識能量的激發，構思出一個超乎尋常的創業計畫，再透過自己敏銳的頭腦與創意，以及特殊知識的靈活運用，使計畫更周密、詳盡而具有現實可行性，然後憑藉自己堅強的毅力、果敢的決斷，以及與智囊的高度協作，保證計畫的順利實施和目標的最終實現。

「人生只是錢！錢！錢！在美國尤其如此！」

當約翰·戴維森·洛克斐勒的父親威廉·洛克斐勒開始這樣向

他吼叫時，十二歲的他已經有過兩次非凡的商業實踐了。

第一次是「產品出售」：他在樹林裡從火雞的窩巢將小火雞抱回家飼養，等到感恩節再將飼養大的火雞賣給鄰村的農民；第二次是「貸款」：他將自己的五十元貸給附近的農民，利息是百分之七點五。

約翰·洛克斐勒小小年紀，便初涉了實業與金融兩大行業，他和所有美國孩子一樣，接受著金錢信仰的薰陶。三十年後，他成了美國超一流的「財閥」和世界「石油帝國」的最高統帥。

美國人總是說，要想賺錢，就得自強不息，勤奮不斷工作。

朝氣蓬勃的美國人尋追著別人從來難以想像的東西。他們在沙漠裡找到綠洲，在荒原上採出了石油；他們以旺盛的熱情和永不放棄的毅力，從無到有，白手起家，積累和創造了財富，贏得和獵取了成功！

美國富翁吉諾·普洛奇身材矮小，出身貧困，小時候幾乎三餐不繼。他在上學時，就開始利用放學之後的時間去打工，幫人推銷商品。他靠勤工儉學掙來的錢讓自己上了大學。他讀的是法律，看來，他今後的人生之路就這樣定了 —— 當一名律師。但普洛奇心底卻有著另一個念頭：「一個好律師，一年可能收入五萬美元，甚或十萬美元。但是，一名市場推銷人員可能 —— 真的可能主宰他的整個世界......」

在這人生的交叉點上，在商業和法律之間，或者說在冒險和安全之間，金錢的欲望使普洛奇最終選擇了冒險的道路。為什麼？因為他想主宰自己的世界，這一強烈的欲望使他敢於冒險。他具有當一個成功老闆的最重要條件，就是他想當老闆，而且渴望成功！

於是普洛奇開始到一家雜貨批發公司當流動推銷員。與其他推銷員不同，他不是一家一家去推銷，而是把各個地方的商人聚集起來，使他們相信，如果他們聯合購買的話，會比較便宜。結果，他成了大宗批發的推銷商。他拿的佣金居然比公司董事長的薪水還要多，以至於他的老闆下了最後通牒給他：要嘛改成拿薪水，要嘛另請高就。

普洛奇選擇了不拿薪水，他決定自己闖一番事業，也過一把當老闆的癮。他瞄準了豆芽這個東方食品，與幾位朋友合夥，辦起了豆芽加工廠。這個加工廠後來發展成為一家巨大的「重慶公司」。當普洛奇後來賣掉這家他創立的公司時，價格是六千三百萬美元！當時他只有四十八歲，他還有其他的不動產和投資項目，他個人的身價超過一億美元！

普洛奇成功了，他成功的動力來自於他對金錢的嚮往，他有他的人生哲學，那就是：一個人活在世上，若不能興個風、作個浪，使別人刮目相看的話，他的日子一定過得沒意思極了！

是的，高收入，高消費，賺了錢就花，花了錢再賺，這是許多美國人生活和工作的格局。拚命去獲取金錢和財富，成了美國人衡量成功的重要標準之一。

強烈的金錢欲望是成功的第一動力。對金錢的嚮往與熱望，成就了一個個腰纏萬貫的美國富豪，有時候，熱衷於金錢未必就是壞事。

6. 以品牌取勝，贏天下口碑

有句古話叫做「酒好不怕巷子深」。這正說明了品牌的效應。打造一塊金字招牌，名揚天下，正是美國商家搶占國際市場的重要經營手段之一。

名牌是長期穩定的高品質、優質服務所造成的為廣大消費者所喜愛和接受的商品品牌。名牌的形成是市場決定的，消費者公認的，而不是由哪個電視台、報刊、協會評出來或指定出來的，因此公司必須下定決心練內功，以市場需求、消費者需求為目標，創造自己的名牌。名牌要為消費者了解、喜愛並接受離不開各種形式的宣傳，但真正的名牌不是宣傳出來的，它仍需要公司堅持品質至上的戰略。另外，名牌也是品牌知名度、美譽度和市場占有率高度統一的產物，它需要公司精心設計、策劃，並付出辛勤的耕作。

美國人非常注重名牌的威力。諸如微軟、可口可樂、迪士尼、IBM、寶鹼、沃爾瑪、美孚石油、吉列、Nike、媚比琳、雅詩蘭黛、凱迪拉克、林肯、聯邦快遞、肯德基、麥當勞、星巴克、百事、英特爾、奇異、萬寶路、福特、通用汽車等等，都是聞名世界的名牌。

美國商人經過多年真槍實彈的考驗，他們清楚：公司的發展，要有自己的品牌，公司的發展過程也就是創造名牌的過程。一個公司擁有了自己的名牌，將會比你擁有機器、工廠更重要，擁有了名牌，就會使你的公司及產品在市場上占有主宰地位和壟斷優勢，讓你的產品在市場上縱橫馳騁，讓你的競爭對手在夾縫中生存。名牌會送你一頂王冠，讓你做「王」。

每一個品牌都會有自己特有的形象，一個沒有固定的、獨特形象的品牌，是絕不會在大眾心裡留下深刻和不可磨滅的印象的。當一個著名的品牌建立起來，並被幾代人廣泛接受的時候，品牌已經超出了僅僅作為商品的意義，它已經成為一種符號和象徵，已經成為文化的一部分。人們看到一個品牌，就會聯想到除它代表的商品之外的一些東西，比如地位、尊嚴、傳統以及對往事的回憶等等。消費者在消費一個品牌時，他消費掉的不僅僅是商品的使用價值，還包括自信、地位，甚至虛榮心等。在很多時候，使用價值反而成為次要的東西。所以當一個傳統品牌還充滿生命力的時候，隨意改變品牌的形象，可能會遭到消費者的反對，最終會得不償失。

擁有了名牌，就會帶來無限的增值效應給你的公司和產品，名牌產品在其銷售過程中，會由於它有鮮明的特色及其在消費者心目中的良好形象，增強消費者的信心，從而促進產品銷售額的增加，品牌產品也會因品質、功能等方面的獨到之處，而提高產品的賣價，從而增加你的利潤。

公司的品牌是走向市場的通行證，公司的名牌更是一張高級別的「特別通行證」，它讓你的產品飛越太平洋進入白宮，讓你的產品跨過高山進入克里姆林宮，讓你的產品縱橫國際市場。公司的品牌就是你的公司智慧和經濟實力的代表，也是國家的國際形象和民族形象的體現，就像美國萬寶路集團總裁麥斯威爾說的那樣：「公司的牌子如同儲戶的戶頭，當你不斷用產品累計其價值時，便可盡享利益。」

但是，一個企業要形成和樹立一個品牌並不是件易事，而喪失一個品牌卻是非常容易的。比如美國的派克鋼筆公司。

派克鋼筆公司曾經是世界聞名的跨國公司。它創建於一八八六年，經過一百年的發展，它在世界各地設有十二家分公司，一百二十多個銷售商和獨家經銷商，產品暢銷一百五十四個國家和地區。但是，自一九八〇年代以來，派克公司卻連年虧損，以至於在一九八五年二月，被其在英國的經理集團所收購。

一九八二年，派克公司新任總經理詹姆斯·彼得森在對公司改革過程中犯了一個嚴重錯誤，使派克公司走向衰落。過去，派克公司以生產優質、高檔的鋼筆而享譽世界，派克金筆曾被許多人用來顯示自己的身分和氣度不凡。一九八〇年代初，美國克勞斯鋼筆公司向派克公司發起進攻，大量生產新型高檔鋼筆，派克公司面臨著挑戰。一九八二年彼得森上任後，不是把主要精力放在改進派克筆的款式和品質上，以鞏固已有的高檔品市場，而是熱衷於轉軌和經營每支售價在三美元以下的鋼筆，爭奪低檔鋼筆市場。

結果，派克公司的產品形象受到嚴重損害，許多失望的消費者轉而購買克勞斯等公司生產的高檔鋼筆。而派克公司開拓生產的廉價鋼筆一方面因無法適應消費者的需求特點，不能吸引新的消費者，另一方面遭到了低檔鋼筆生產企業的頑強抵抗。在這種情況下，派克公司完全喪失了競爭優勢，銷售每況愈下，高檔筆市場的占有率下降到百分之十七，銷售量只及克勞斯公司的百分之五十，虧損日益增加，以至於到一九八四年，虧損額竟高達五百萬美元。

一個品牌一旦形成穩定的形象，其局限性也就隨之形成。它的產品種類、消費群體就會有相對穩定的範圍。而要突破這一範圍的限制，去開拓新的領域，卻可能是危險的。這種冒險在於可能會失去原來的市場，而能否獲得新的市場又是一個未知數。

品牌是一種無形資產，一筆無形的本錢，要重視和樹立本企業的名氣，一定要加強對品牌的嚴格管理，品牌管理就是對本企業的形象樹立和維護。只有管理好品味，品牌才能保得住。信任來自於某些穩定不變的東西以及基於此產生的合理預期，人們購買名牌商品就是基於對名牌一貫形象的信任。

小企業從創業之日起就在創造自己的品牌，或實力壯大到一定程度時，採取自創品牌的策略，也即產品品牌化的決策。

名牌不是天上掉下的餡餅，它是靠公司各方面的努力得來的，公司必須能夠充分認識到名牌的內涵。一個好的品牌形象包含的內容不僅僅是品質，它還是一種文化、一種符號、一種象徵、一種信念。

當今世界，商戰愈戰愈酣，愈戰愈殘酷。在市場經濟的廣闊天地裡，每一個公司都想傲視群雄，立於不敗之地，那麼它必須像美國商人那樣，製造並擁有自己的「核子武器」──名牌，只有這樣，才能威懾群雄，震撼世界。

7. 市場競爭，爭的就是人才

開發、吸收和利用人才是每個企業立足發展之根本，善用人、用對人才會使企業不斷發展，逐步壯大。一個公司要想製造出比競爭對手更物美價廉的商品，就需要有高水準的科學技術，而高水準的科學技術是人的智慧結晶。智力是公司壯大的源泉，人才濟濟是做大公司必須選擇的第一條捷徑。因此，開發、吸收和利用人才顯得極其重要。

美國美孚石油的創始人約翰·戴維森·洛克斐勒便是招賢納士的一個最好的例子。

洛克斐勒可以說是美國商業名流中最有名的了，他把一種普通的煉油作業轉變為全球最大的工業企業，而且在這一過程中，促進了巨大的石油工業的形成。由於洛克斐勒對美國經濟社會發展的巨大貢獻，一九八五年美國評選歷史上對美國社會影響最大的十名企業家時，洛克斐勒名列第二。

洛克斐勒一生中樹敵無數，但是聰明過人、目光遠大的洛克斐勒卻善於不斷從敵對勢力中，把最有生存力和競爭力的強者吸收到自己的陣營中來，為己所用。

在這群最強的對手中，最具有傳奇色彩的當數阿吉波特了。當時年僅二十四歲的阿吉波特，曾經使洛克斐勒經歷了平生第一次大敗，他是洛克斐勒遇到的第一位強敵。

從那時起，洛克斐勒開始逐步接觸這個年輕人，同時也採取種種策略來分化、瓦解那些結成同盟的小石油生產者，以高價收購原油，打破了他們的封鎖計畫，瓦解了生產者同盟的防線，並成功把阿吉波特也拉到了自己的陣營中來。

後來，阿吉波特開始逐漸幫洛克斐勒說話，多次為洛克斐勒家族的壟斷事業出謀劃策。在洛克斐勒從兼併到行業壟斷，一直到最後建立起龐大的托拉斯組織的過程中，他的存在發揮了重大的作用，他逐漸成為美孚石油公司管理層中的後起之秀，深得洛克斐勒的信任。洛克斐勒退休之後，力舉阿吉波特作為第二任董事長，領導他龐大的帝國進一步拓展。

律師多德是當時最有才幹的一位，他還是一名專門受一家公司委託的律師。正像多年前投身到洛克斐勒旗下的其他人一樣，他也曾與洛克斐勒為敵。

在南方開發公司的方案推行期間，多德在多次公開會議上指責美孚公司是條「蟒蛇」，後來，他又代表產油地區對美孚公司訴訟，但洛克斐勒並沒有因這段歷史而錯過這麼一名能幹的律師。當他的帝國規模膨脹到與美國的法律抵觸時，他向多德伸出了求援之手。他希望多德能利用法律知識助他建造一個完美的經濟帝國。

根據洛克斐勒的建議，多德於一八八二年炮製出托拉斯協定，美孚石油公司改組為美孚托拉斯，使洛克斐勒能以信託方式來掩蓋明目張膽的壟斷。美孚石油公司在改組之後，拉進了六十多家公司，其中四十家公司的所有權完全屬於美孚托拉斯，另外二十六家多數權益也掌握在美孚手中。托拉斯體制成功防止了外界對它調查和揭露，它不但使洛克斐勒精心勾畫十年的壟斷藍圖得以實現，而且也改變了資本主義社會的發展史，形成了美國歷史上獨特的托拉斯壟斷時代。多德在其中確實功不可沒。

同樣的人物還有紐約州議員赫伯恩，他曾發動了一場對美孚公司的大規模調查。而正是因為在這次調查活動中，洛克斐勒注意到了赫伯恩所表現出來的才能，從而招攬其成為洛克斐勒的財產管理人。

正是由於洛克斐勒不斷把眼光投到敵對的陣營中去，他才得以廣攬天下人才，共謀霸業。

洛克斐勒曾自己評價自己的班底：「我的班子由兩種人組成：一種是有才幹的朋友，一種是有才幹的敵人，敵人是過去的，而今天已經是朋友了。他們絕非是烏合之眾、庸碌之輩，他們全能獨當一面。我無需面面俱到，我要做的只是統管全域，確定戰略，他們每個人都是天才。我想，這就是美孚公司獲得成功的原因。」這同樣也是洛克斐勒家族獲得成功的原因。

美國商人能長期富甲天下，除了充分利用美國優越的自然條件外，主要還有美國的科學技術在世界的領先地位，而這又有賴於擁有大批一流人才。美國除了自己培養人才外，還善於容納、引進和羅致天下人才為己用。其吸引人才之法有二：一是給予高薪，二是為之提供良好的研究條件。

美國政府在人才政策上極其重視，美國是最捨得在科學研究上花錢的國家。據統計，它的科學研究經費要多於主要西方先進國家之總和，並在逐年增加。

為了引進國外人才，美國還兩次修改了移民法，對於有成就的人才，不考慮國籍、資歷和年齡，一律允許優先進入美國。

這些政策提供了便利給美國商人，因而，美國諸多的大企業都大膽引進外籍人才，大刀闊斧招賢納士，只要是人才，不惜用高薪聘請。

在美國著名的「矽谷」工作的科技人員有百分之三十三以上是外國人。在美國從事高科研工作的工程學博士研究生中，外國人占百分之六十六。美國百分之三十三的名牌大學的系主任是華裔學者。在美國星球大戰計畫中扮演重要角色的也是外國科技人員。

重視人才的作用，促進了經濟的繁榮，美國商人使美國成為世界上最富裕的國家。

面對市場上的激烈競爭，一個企業要想不被淘汰出局，就要不斷努力讓自己更加優秀，以人為本擁有更多優秀的人才。沒有人才的保障，只能靠技巧與人爭天下，就不能一步一步把公司推向壯大。

8. 沒有人脈怎能成大事

人脈是成功路上最重要的資源，沒有哪個人只憑自己一個人的力量就能隨便成功，因此，廣結人脈關係網是走向成功的最有效手段。透過人脈關係網成就自己的事業，在這方面美國商人十分精於此道。

那麼，怎樣才能建立起新的人際關係網呢？我們可以向美國商人借鑑借鑑。

首先，要有具體的行動 —— 積極走出去，創造與人交往的機會。公司以外各式各樣的聚會要率先出席，各類家庭聚會也要參加，不要嫌麻煩。如果有不同行業的交流會之類，也要主動參與籌畫，加入有關興趣的圈子也是極好的機會。性格內向的人特別迴避各種聚會，其實這對自己的經商生涯十分不利，必須以堅強的意志克服自己的厭倦情緒，積極參加。

會見成功立業的前輩，能轉換一個人的機會和命運，結交比自己優秀的朋友，能使我們更加成熟。要與人相識，並不像通常所想像的那麼困難，結交地位較高的人也是如此，尤其是年輕人，可以無所顧慮和地位較高的人接近。

一九二一年六月，哈默到新生的蘇維埃去訪問，尋找商機。他以「駐莫斯科美國醫療隊」的名義運往蘇聯。不用說，哈默受到了蘇聯政府的歡迎，並邀請他考察烏拉爾地區。

考察途中，哈默看到的是這樣的情景：一面是遍地飢荒，一面卻是成堆的皮毛，成堆的寶石、白金，還有堆積如山的木材、礦石……

「為什麼你們不出口這些東西來換回糧食呢？」哈默不解，問陪同考察的蘇聯官員。當哈默了解到蘇方很想這樣做但苦於沒有可行途徑時，立即意識到這是一個大好機會：美國糧食正值豐收，價格暴跌，甚至很多糧食被扔到海裡或燒掉，而寶石、皮毛等在美國卻賣得非常好。

哈默當即表示，他願意竭盡全力辦成這件事，並立即發電報給在美國的家人，快速收購一百萬美元的小麥運到聖彼得堡。

哈默的行動，得到市民「救世主」般的歡迎。當返回的火車抵達莫斯科的當天早晨，哈默就被召到列寧的辦公室。列寧對哈默的行動倍加讚賞，並大力支持他與蘇聯做生意，鼓勵他來蘇聯投資，並成為蘇維埃政權對美貿易的代理商。

因為有了列寧誠心實意的鼓勵和支持，哈默決定充分利用這一關係。

「汽車大王」福特有曳引機，而這正是蘇聯發展農業所急需的。哈默一九二一年十一月回到美國後，向福特介紹了蘇聯的情況，福特當即決定請哈默當福特公司在蘇聯市場的獨家經銷代理。由於有了福特的「代理」作號召，哈默走到哪裡，哪裡的汽車公司都願意讓他當他們在蘇聯的獨家經銷代理商。

福特曳引機一批又一批銷到蘇聯，非常搶手。與此同時，哈默的皮毛、寶石收購站顧客潮湧而至。在一九二三到一九二五年間，哈默的貿易盈利翻了幾倍，每年達到十多萬、幾十萬美元。為了適應迅速擴大的易貨貿易，哈默又相繼在英國倫敦和德國柏林開設了貿易分支機構，還在愛沙尼亞買下了一家銀行。

一九二五年夏季的某一天，哈默在莫斯科的商店裡買了一支鉛筆，花了二十六美分，而當時在美國鉛筆的售價只有兩三美分。於是哈默利用與列寧的特殊關係很快申請到一張開辦製筆企業的許可證。

很快，哈默的製筆廠順利開工，到一九二六年，年產鉛筆達到一億支，成為世界上最大的鉛筆廠之一；到一九二七年，年產鋼筆九千多萬支。這些筆不僅滿足了蘇聯的需要，而且還有百分之二十左右出口到英國、土耳其、中國、伊朗等十幾個國家。

一九二九年底，哈默將他的製筆廠等賣給了蘇聯政府，後來，哈默又和蘇聯簽訂了一筆近兩百億美元的合約。另外，為了使自己的化肥生產占領更大的國際市場，哈默又以相當於兩百八十萬美元的西方石油公司股票，收購了世界最大的化肥銷售商「國際礦石與化肥公司」，從而使自己的銷售網一下子遍布六十多個國家和地區。

良好的人際關係及其運用，是現代人發家致富、功成名就的第一法寶。在這光榮桂冠的背後是優秀的社會活動能力和踏踏實實的努力，後者對於初生牛犢不怕虎的青年，意味著什麼呢？那是驕人的資本，那是成功的曙光，那是事業的基石！在現代人力資本理論中，人的能力被認為是人生最重要的財富、事業最寶貴的資本，而尤其以社會活動能力為重。

美國企業家艾科卡，被人們認為是社會活動方面登峰造極的人物，他善於敏銳觀察每一個人，擅長恰當的與周圍人交流，在社會活動中，他如魚得水，游刃有餘，走到哪裡便成為人群的中心，甚至有許多人要求他去競選總統！難道他是一個如愛因斯坦般的頂尖級天才嗎？難道他有著阿波羅一般俊朗的容顏嗎？不，他只是一個外表普普通通的人，和你我一樣，消失在人群中便難以認出，但他的魅力來源於他那超人的社會活動能力：他傾聽、他微笑、他交談，無形之間便將人與人的心拉得很近很近，以至於一位與他打過交道的企業界資深人士評價道：「艾科卡的能力足以使會面一次的人終身與他為友。」這就是艾科卡從一無所有到功成名就的祕訣！這就是他一生最為驕傲的資本：與人打交道，廣泛建立人脈關係網。社會活動能力是艾科卡一生中生財有道的那個「聚寶盆」，永不匱乏、源源不斷！

人際關係是很微妙的東西。我們在世上的一舉一動，所接觸的大人物或小人物都很可能變成日後成敗的因素。而世間密密麻麻結著人際關係的網，我們每一個人都生活在一個個的網目之中，攀緣著網絲可以和許多人拉上關係。假如你們能和這麼多人建立良好的人際關係，使他們成為在事業上幫助你的朋友、在生意上照顧你的顧客，相信你的事業一定非常成功。

9. 他們讓顧客高興得想哭

美國人知道，企業存在於市場之間，靠市場需要、市場認可來生存，而顧客幾乎就是市場的代名詞，爭取到更多顧客的支援，就等於拓寬了企業在市場中的生存和發展空間。在美國，商人奉行的諸多商業原則中，把顧客當成上帝，一切從顧客的角度出發，無疑是最具代表性的。

美國商人把顧客當成老闆，甚至是上帝，教導企業下屬員工一定要尊重顧客意見，奉行顧客永遠是正確的原則，並不是說他們為了顧客的利益，可以置企業的利益於不顧。真要是這樣，那此前提到的美國商人拜金主義、利己思想，豈不是難以自圓其說？

他們把顧客當成上帝，一切從顧客的需要出發。在根本上，就是要維護企業的利益，使企業賺取最大限度的商業利潤。

在現代化的商業社會，所有的商業行為都必須遵循公平、自願的原則，在行業的競爭日趨白熱化的條件下，企業賺取商業利潤的手段和途徑，就是爭取更多顧客，讓顧客自覺自願購買企業的產品，參加企業的消費。一切從顧客的需要出發，把顧客當成上帝，是實現這一目標的唯一最佳途徑。

零售巨頭沃爾瑪之所以能夠吸引顧客，除了低廉的價格，還有一個根本的原因就是：沃爾瑪認為顧客是企業的「老闆」和「上司」。

沃爾瑪創始人山姆·沃爾頓一針見血指出：「顧客能夠解雇我們公司的每一個人，他們只需要到其他地方去花錢，就可做到這一點。」他提出「只有顧客才是老闆」、「顧客永遠是對的」的經營哲學，並且制定了一系列服務準則，以此來提高沃爾瑪的服務品質。

沃爾瑪公司有著這樣的經營宗旨：「成功的連鎖店經營的祕密就是給顧客們想要的東西。如果你站在顧客的角度考慮問題，就會想要得到：種類眾多的高品質商品；盡可能低的價格；所購商品的滿意服務；友好的、有見識的服務；便利的時間；免費停車場；愉快的購買經歷。當你進入一家百貨商店，在某種程度上收穫和感受超過了你的期望時，你就會喜歡它；當它帶來不方便，或者讓你覺得無法忍受，或是表現出對你視而不見時，你就會討厭它。」

沃爾瑪售貨員們的任務，不是賣貨收錢這麼簡單，而是發現和尋找為顧客服務的機會，創造顧客滿意的奇蹟。售貨員在沃爾瑪的價值，就是隨時為實現顧客滿意而尋找可以向顧客提供超常的非同尋常的服務機會。

「顧客至上」 在沃爾瑪公司是實實在在的行動指南，是貫徹始終的經營理念，而不是貼在牆上的標語口號，更不是唱給別人聽的高調。

沃爾瑪強調要為顧客提供「可能的最佳服務」，「為顧客提供比滿意更滿意的服務」，為此，沃爾瑪還制訂了如下原則：

沃爾瑪有兩條人盡皆知的規定：第一條規定：「顧客永遠是對的」；第二條規定：「如果顧客恰好錯了，請參照第一條！」沃爾瑪各連鎖店，不管是鄉鎮的連鎖店還是鬧市區的連鎖店，不管生意有多好，店員有多麼忙碌，只要顧客提出要求，店員必須在當天太陽下山之前滿足顧客的要求，完成當天的事情，才算達到標準。這被稱為「太陽下山」原則。

山姆·沃爾頓要求他的員工無論何時，只要顧客出現在三公尺距離範圍內，員工必須微笑著迎上去，看著顧客的眼睛，主動打招呼，鼓勵他們諮詢和求助。同時，對顧客的微笑，沃爾瑪公司還有量化的標準：「請對顧客露出你的八顆牙齒。」

沃爾瑪員工的服務要使顧客在購物過程中自始至終感到愉快，服務要超過顧客對服務的期望值。要求員工永遠要把顧客帶到他們找尋的商品前，而不是僅僅為顧客指一指，或是告訴他們商品在哪兒；要求員工熟悉所在部門商品的優點、差別和價格高低，每天開始工作前需花五分鐘熟悉一下新產品，對顧客介紹商品時要詳盡、周到；對常來的顧客，打招呼要特別熱情，讓顧客有被重視的感覺。沃爾瑪十分重視營造良好的購物環境，經常在商店開展種類豐富且形式多樣的促銷活動。如社區慈善捐助、娛樂表演、季節商品酬賓、競技比賽、幸運抽獎、店內特色娛樂、特色商品展覽和推介等，以吸引顧客，增加顧客購物的情趣。

沃爾瑪對顧客「百依百順」，堅持實行「無條件退款」原則，確保顧客永無後顧之憂。沃爾瑪的四條退貨準則是：第一，如果顧客沒有收據 —— 微笑，讓顧客退貨或退款；第二，如果你不確定沃爾瑪是否出售這樣的商品 —— 微笑，讓顧客退貨或退款；第三，如果商品售出超過一個月 —— 微笑，讓顧客退貨或退款；第四，如果你懷疑商品曾被不恰當使用過 —— 微笑，讓顧客退貨或退款。

在「顧客至上」原則指導下提供的良好服務，成為沃爾瑪公司吸引顧客的制勝法寶，不僅贏得了顧客的熱情稱讚和滾滾財源，而且為企業贏得了價值無限的「口碑」，為企業長盛不衰的發展奠定了堅實的基礎。

其實，為顧客著想，禮遇顧客，在商業經營中，已經不算什麼大祕密。無論是在亞洲，還是在歐洲，企業經營等把顧客當成上帝的例子，都是屢見不鮮。「把顧客當做上帝」已經成為現今每一個商家心照不宣的經商祕訣。從競爭的意義上講，讓顧客滿意，贏得顧客忠誠，是現代企業迎接挑戰，銳意進取的基礎和前提。

美國經濟獨步世界，美國商人的行為卓爾不群。他們把顧客當成上帝，也不僅僅是停留在產品行銷方面，而是貫徹於商業行為的始終，從企業策劃、產品設計，一直到售後服務、售後追蹤，乃至新一代產品的研製和開發，這就不能不令人大為敬佩。

10. 與美國商人打交道的智慧

有強大的國家經濟作為後盾，每個美國商人先天生就一副財大氣粗的模樣。在許多世界知名品牌、跨國公司的映襯下，美國商人的傲氣是不容忽視的。在與之合作談判時，最理想的做法，是保持不卑不亢的態度，隨機應變，爭取主動。

美國商人也多以大國子民自居，兼之數百年文化傳統的薰陶，美國商人的性格趨於開放豪邁，他們熱情奔放，真誠、坦率、感情外露。但與之相處並不困難，他們在社交禮儀中的禁忌比其他國家要少許多。他們不喜歡對方拐彎抹角、躲躲閃閃。針對美國人這種開放、大度的民族性格，與之交往時，同樣也不能拘謹和小氣。

你沒有必要學美國人的那種風格，那種風格也未必是最好的。但應當有熱情，冰冷冷的會導致對方的不快。特別是初次合作見面的夥伴，保持燦爛真誠的笑容，能迅速消除彼此的隔閡和陌生感。直呼對方的名字，使雙方的關係仿佛又進了一步。你熱情一點並不會使你失去什麼，相反卻能獲得對方的好感。

煩瑣的交往禮儀，對眾多美國人來說，是難以忍受的，過分的謙虛和客套，在美國商人面前，同樣是累贅。和美國人談判，你也用不著含糊隱瞞，一副莫側高深的樣子。躲躲閃閃，除了會令人不快外，並不會讓你多得什麼。和日本人截然不同，美國人並不把謙虛和客套當成是美德，要想得到美國人的尊重，除了實力，還是實力。

長期弱肉強食的社會現實，使得美國商人在性格上只會尊重實力相當、甚至是比自己更強的對手，而不會輕易同情別人。過於低估自己的能力，過分的謙虛，甚至會讓美國人產生誤會，從而懷疑你的實力。美國人自己是高手，他希望你也是高手。假如對方有了先入為主的不佳印象，合作成功必將困難重重。與美國商人談判，一定要堅持自己的原則，絕不能輕易讓步。大膽抒發自己的意見，不論肯定和否決，都應該理直氣壯，絕不能含糊其辭。

在美國人的觀念中，時間也是商品。他們常以「分」來計算時間，比如月薪十 萬美元，每分鐘就值八美元，他們在談判過程中連一分鐘也捨不得去作無聊的會客和毫大意義的談話。美國人的時間觀念很強，遵守時間，珍惜時間，因而保證了談判的高效率。美國商人喜歡一切井然有序，不喜歡事先沒有聯繫、突然之間闖進來的「不速之客」來洽談生意。

美國商人或談判代表總是注重預約晤談，某日某時，在何地方，談多長時間，都是預先約定的。雙方見面之後，僅稍微寒暄，便直接進入談判的正題，很少有多餘的廢話。在參加商業談判時，也希望速戰速決。我們事先要做好充分的準備，搜集的資訊要盡可能全面周到，設計的方案要盡可能周密實用。無論美國人提出什麼樣的談判要求，都應該有妥善的對策。如果不是這樣，你稍有脫節，就會造成一定的精神緊張，而以霸氣著稱的美國商人，全都是確立優勢後便乘勝追擊的好手。倘若因此被逼簽下「城下之盟」，豈不是損失慘重？

美國人十分注重商業談判技巧，在行動前總要把目標方向了解清楚，不主張貿然行動。所以，他們的生意成功率較高。美國商人在任何商業談判前都先做好周密的準備，廣泛收集各種可能派上用場的資料，甚至對方的身世、嗜好和性格特點，使自己無論處在何種局面，均能從容不迫應付。

「搞清楚後再做交易。」這是美國人的經商法則。在經商中，如果遇到不懂的問題，美國人會問到自己徹底弄清楚以後才善罷甘休。美國人這種問則問個水落石出的性格，在商業談判中可以徹底表現出來。

談判時出現意見分歧，也是必然的。美國商人並不害怕意見分歧，也有解決分歧、實現統一的誠意。最好的辦法，就是雙方開誠布公。倘若你心中有所顧忌，表現得閃爍其辭，會被認為是缺乏誠意，無疑會妨礙談判的成功。

美國人非常重視律師和合約的作用。在談判時，他們總帶有盡可能多、盡可能好的律師參加談判。他們崇敬合約，嚴守合約的信用，他們不相信人際關係，只承認白紙黑字、有法律保障的合約契約。所以，你和美國人談判時，要帶上你的律師，而且要帶好律師。簽訂合約時也應當小心謹慎、考慮周全。美國的法律紛繁複雜，法律的執行也極為嚴格。因此，律師一定要熟悉美國的法律。簽訂合約時，一定要把合約條款仔細推敲，使之既符合本國法律，又不與美國法律相抵觸。重視律師的作用和小心簽訂合約是和美國人談判的要訣。它既可以保障談判的成功，又可以防患於未然。

在絕大多數美國人的眼裡，個人利益高於一切，是神聖不可侵犯的。所以與美國人相處談話，應保持一定的距離，一般在五十公分左右，談話的內容，除與工作直接相關外，忌談與個人生活相關的話題，尤其是年齡、個人收入、政治傾向等美國人敏感的話題，過分熱情和親密，容易遭到排斥。

東方人的禮尚往來，在美國卻不會有好的結果。初次見面合作的生意夥伴，即便是有意要贈送對方禮物，也應在雙方關係進一步親近之後。所送禮品也不能太貴重，否則會引起誤會。送衣物、化妝用品給女性，也會引起誤會，不宜採用。

美國人多是基督教徒，格外忌諱數字「十三」和「星期五」，若兩者同為一天，更是大忌。所有與美國商人的活動，都不宜在這天進行。另外，美國人對「三」也有忌諱。

對於顏色，美國人認為黑色過與肅穆，只宜在喪葬時使用，認為紅色與前蘇聯有關，也有表示發怒之意，因而忌諱這兩種顏色。相反，他們喜歡比較鮮明的顏色。他們認為白色是純潔的象徵，黃色展現和諧，藍色有吉祥如意之意，因而偏愛這三種顏色。

美國人認為白頭海鵰威武強悍，視其為國鳥，牠不僅成為國徽的圖案，也受眾多美國人的喜愛。又認為白貓象徵逢凶化吉，對與之相關的圖案偏愛有加。而對於蝙蝠，美國人卻認為象徵著兇神惡煞的吸血鬼，因而忌諱與蝙蝠相關的圖案。

總而言之，美國商人視商業利益為最高行為準則，只要知己知彼，掌握好與美國人交往的技巧，擺正心態，以誠懇、嚴謹的作風與之相處，就一定會有滿意的結果。

第一章　美國商道：財富不過是心中的一個夢

美國是無可爭議的經濟強國，美國商人的觸角遍及世界的每一個角落，學會與美國商人交往，是每一個期望成功的商人所必須具備的技能和本領。

第二章

猶太商道：「第一商人」如何練成？

有這樣一種說法：全世界的錢在美國人口袋裡，美國人的錢在猶太人口袋裡。據調查：猶太人占世界總人口約百分之零點三，而在全球富豪企業家中，猶太人卻占據了一半的比例；而在美國千萬富翁中，猶太人也是三居其一。《富比士》美國富豪榜前四十名中的絕大部分都是猶太人。在華爾街的精英中猶太人占百分之五十，律師占百分之三十，科技人員占百分之五十。幾千年來，歷盡艱辛和曾慘遭屠戮的猶太人，在顛沛流離的生存過程中掌握了豐富而系統的賺錢經驗和智慧，居然把世界上大部分的財富裝進他們自己的錢包，這不能不說是一個商道中的奇蹟。

1. 頑強睿智的猶太民族

「把你所有的東西，賣給需要它的人，不叫做生意；把你所有的東西，賣給不需要它的人，才叫做生意。」這句猶太格言道出了猶太人經商的精明之處。眾所周知，猶太人與「財富」總是聯繫在一起的。

有人這樣說道：猶太大亨打個噴嚏，全球金融界和銀行界就會得重感冒。這是因為在美國人的口袋裡裝著全世界的金錢，而猶太人的口袋裡卻裝著美國人的金錢，可以說，猶太人不僅掌握著美國的經濟命脈，同時還駕馭著世界的經濟走向。

有著大約五千年歷史的猶太民族，可謂歷史悠久，但卻多災多難。這一點鑄就了猶太商人在磨難中頑強不屈的性格和睿智的頭腦。追溯歷史，猶太人遠祖是古代閃族的支脈希伯來人。西元前十三世紀末從埃及逐漸遷居到巴勒斯坦，而在西元前十一世紀建立了以色利，後分裂為南北兩部，北部稱以色列王國，南部稱猶大王國，西元前七二二年和西元前五八六年，這兩個王國先後分別被亞述人和巴比倫人征服和滅亡。等到西元前六三年羅馬人開始入侵耶路撒冷，致使一百多萬猶太人慘遭屠殺，另一部分猶太人被趕出巴勒斯坦，顛沛流離，離鄉背井到歐美其他國家，如今天的英、法、意、德等地區，以及後來的俄國、東歐、北美等，這其中還有就是剩餘部分猶太人被掠往歐洲，終身淪為奴隸。劫後餘生的猶太人紛紛開始倉皇外逃，從此開始了猶太人悲慘的流亡史，歷時兩千多年。

耶路撒冷是國際政治的焦點所在地。它的舊城是一座宗教聖城，是猶太教、基督教、伊斯蘭教世界三大宗教的發源地，也是三大宗教的聖地，是猶太教徒、基督教徒和穆斯林最崇敬的神聖城市。

「耶路撒冷」，阿拉伯人稱該城為「古德斯」，即「聖城」。中文大意為「和平之城」。在猶太人看來，耶路撒冷是神聖不可侵犯的，因為在他們心目中它是上帝應允之地。相傳西元前十世紀，大衛的兒子所羅門繼位後，在耶路撒冷城內的山上修建了一座猶太教聖殿，專門供古猶太人進行宗教和政治活動，後來猶太教就把耶路撒冷作為聖地，在聖殿廢墟上築起一道城牆，稱之為「哭牆」，現如今，它已成為當今猶太教最重要的、極具有象徵意義的崇拜物。

正是由於耶路撒冷是三大宗教聖地，於是為了爭奪聖地，在這裡發生了無數次殘酷的戰鬥。耶路撒冷也先後十八次被夷為平地，但每次浩劫之後又很快復興，這其中的原因就在於它是一座全球公認的宗教聖地。

在《古蘭經》中，猶太民族是被真主詛咒的民族，也因此成了全世界歷經磨難最多的民族之一。為了在苦難的夾縫中求生存，他們想方設法賺錢來維持生計。而猶太商人的富有與他們的教育程度是息息相關的。嚴峻的生存環境，讓猶太人不得不依靠教育的幫助來謀生和提高社會地位，猶太人對於教育的重視程度是其他任何民族所不能比的，他們如何貧困，都要千方百計送子女接受教育。據一項統計數字表明，受過高等教育的猶太人比例是整個美國社會平均水準的五倍，堪稱名副其實的知識精英。

野火燒不盡，春風吹又生。生命力的頑強和堅韌，在猶太人的身上得到了淋漓盡致的展現。艱難和兇險的生活環境，不但扼殺不了他們追求美好生活的願望，反倒培養了他們堅忍不拔的民族性格。

特殊的歷史造就了非凡的人類，猶太人憑著不屈不撓的頑強精神和靈活睿智的頭腦在人類歷史上寫下了輝煌的一筆。世界上各個領域湧現出來的出色猶太人數不勝數：偉大的科學家愛因斯坦、哲學家佛洛伊德，無一不是其各自領域的領航者。截至二〇〇一年，猶太人獲諾貝爾獎者累計已達一百二十九人，其中醫學獎四十五人、物理學獎三十一人、化學獎二十二人、經濟學獎十三人、文學獎十人、和平獎八人。

在猶太人中，誕生愛因斯坦這樣的大科學家，也許僅僅只是歷史的偶然。但猶太人所具有的超凡經商發財的本領，卻是普遍公認的事實。有人甚至因此把猶太民族直接稱為「錢的民族」。長期以來，人們習慣把猶太商人看成是成功商人的樣板，而聞名世界的猶太商人更是多如牛毛。

比如最會賺錢的猶商羅斯柴爾德家族控制歐洲經濟命脈長達兩百餘年，並且至今仍然控制世界黃金市場；還有全球「金融沙皇」、美國聯邦儲備委員會前主席艾倫·葛林斯潘；一九九二年狙擊英鎊成功一舉成名、掀起一九九七年亞洲金融風暴的超實力金融大鱷喬治·索羅斯；全球超級富豪「股神」華倫·巴菲特等，也是猶太人。

因此可以說，頑強與睿智成就了一個個猶太商業巨頭，也正是這些戰績輝煌、聞名世界的商業巨頭，為猶太人贏得了「世界第一商人」的美譽。

艱苦的環境造就卓越的人才，不經歷風雨，難以見到彩虹。不管身處何地，頑強拚搏的精神加上睿智的頭腦，可以幫你走出陰霾，走向輝煌。

2. 有錢的地方就有猶太人

法國思想家孟德斯鳩說：「有錢的地方就有猶太人。」猶太人長期沒有國家，商人也沒有固定的市場，這使他們成為世界商人。

早期，猶太人藉地利之優勢，或買進賣出，或長途販運。到所羅門王時期，猶太人就有自己的貿易船隊和國家艦隊，他們遠征印度，從那裡運回黃金和象牙、檀香木和寶石、猴子和孔雀。

大流散之後，猶太人被迫完全進入了國際貿易的世界市場。在各國統治者的驅趕追逐中，猶太人匆匆奔波，他們學會了機智靈敏對付各種突發的生活和生意變故，他們熟悉了世界各地的市場行情，他們結交了天南海北的交易夥伴。

在猶太人的眼裡，全世界都是賺錢的舞台。在他們看來，在當今商品世界裡，時間和知識都是商品。那麼國籍毫不例外成為商品，而且比一般商品具有特殊性。猶太人認為，時間和國籍同樣 可以用錢買到，只要有錢，便可以買到別國的國籍。當然他們買國籍的主要目的是為了更加方便賺錢，為經商掃除障礙。

為錢走四方是猶太人天生的特性。他們不僅自己天馬行空四處奔遊，買進賣出，同時還鼓勵別人這麼做。

猶太人認為創辦公司的目的就是為了賺錢，一旦發現公司的存在不能創造利潤時，即使是再捨不得也要忍痛割愛，或拍賣或宣布倒閉。當然，猶太人更喜歡創建公司，不過，儘管他們兢兢業業剛在商界中闖出自己公司的名牌，只要能獲取高額利潤，他們也會將它毫不猶豫賣掉。在這點上，他們是鐵石心腸，從不會感情用事，表現在經營上就是決策果斷。

新大陸發現後不久，就有猶太人移居，成為最早的殖民者之一。一個世紀後，猶太人就控制了新大陸殖民地的貿易，絕大部分的進出口都握在他們手中。猶太人將殖民地的原材料運往歐洲大陸，又將歐洲的工業成品運往殖民地，從中賺取高額利潤。後來，猶太人甚至還投身於臭名昭著的奴隸貿易。

總之，猶太人對資本主義世界市場的開拓和形成做出了卓越貢獻，而這卻是源於猶太人為錢去世界行走的特性！

資本主義世界市場形成後，猶太人已不滿足於小打小鬧了。他們四處行走，販布帛，賣珍珠，做四方的生意，賺取八方的錢財。

當今世界，商場如戰場，而猶太人總能勝人一籌。他們在商業上的成功往往出現於最出入意料的地方。

所謂的生意場上無「禁區」，既指交易內容上無禁區，也指交易對象上也禁區。猶太人便是把世界都當作了賺錢的舞台。當青蛙坐在井底的時候，看到的天只有井口那麼大。猶太人把世界當做賺錢的舞台，得到的當然是整個世界的財富了。

猶太人的世界生意舞台體現了他們做生意時，盡可能避免種種非理性的先入之見和純粹意識形態因素的影響和干擾，從而使自己在生意場上獲得盡可能大的自由度，這樣一種商道智慧理所當然是每個商人不可不學的經驗，要記住猶太人有一種「處處都能賺錢」的賺錢之道。

3.「永不退縮」的精神和毅力

商場上成為巨富的猶太成功者們，大多都有一個共同的特點：堅韌執著、意志剛強、不達目標、誓不甘休。而那些今天想做這個，明天又想做那個，小事不想做，大事做不了，或遇到一點挫折就退縮徘徊，缺乏堅強意志和毅力者，往往一事無成。

由此看來，毅力的確是成為巨富的首要條件。沒有毅力，做任何事都不會成功，只有毅力才會幫助人們不斷向難關衝擊並最終致富。

每個人都可能有環境不好、遭遇坎坷、工作辛苦、事業失意的時候，說得嚴重一點，幾乎可以說，在我們每個人降生到這個世界以前，就被註定了要背負起經歷各種困難折磨的命運。做生意順利的時候，財源滾滾而來，那是順境；一旦遇上風險，逆境來臨時，就又要過一段節衣縮食的苦日子。不夠堅強的人當逆境來臨時，就會匆匆結束這次旅行，提前承認自己的失敗；而假如我們夠堅強，就該明白，我們就是為經歷這些逆境而來。

面對逆境，能坦然應之的當推猶太商人。他們能在危險來臨時，仍然從容做生意，甚至把逆境看成是做生意的最好時機。下面有一則關於猶太人面對逆境的故事：

不知從何時起，猶太人有個不能在安息日工作的規矩，要求人們必須在家休息，並勤做功課。但偏偏有人破壞規矩，在安息日卻照常營業。一次布道時，拉比（猶太教教士）指責這些店主褻瀆了安息日。當做完禮拜後，最愛破壞規矩的一個老闆，卻送給拉比一大筆錢，拉比十分高興。

待到第二個禮拜時，拉比對安息日營業的老闆指責就不是那麼嚴厲了，因為他指望著那個老闆給的錢會更多一些。然而他一分錢都沒得到，拉比感到十分奇怪，便詢問其中的原由。那位老闆說：「事情十分簡單。在你嚴厲譴責我的時候，我的競爭對手都害怕了，所以，安息日只有我一個人開店，生意興隆。而你這次說話很客氣，恐怕這樣一來大家都會在安息日營業了。」

大多數人才遭到挫折和失敗時，很容易放棄自己的目標，這也正是他們一事無成的原因。只有少數人才能達到目的，他們憑藉的也不過是由堅強意志產生的毅力和不達目的誓不甘休的強烈欲望而已。

比如在競技場上，登山運動員要到達峰頂，就必須憑藉堅韌的毅力、強烈的征服欲和大無畏的精神，缺乏毅力，望山生畏，就會感到高不可攀。同樣，對於一個想在商場發家致富的人來講，缺乏不到長城非好漢的毅力，財富同樣也與他無緣。

有人向一個猶太商人 —— 他的朋友保薦一個少年，在他向他的友人列舉那個少年的種種優點時，商人這樣問道：「他有毅力嗎？這是最要緊的事。」

是的！這是對你終生的提問：「你有毅力嗎？你能在失敗之後，仍然堅持努力嗎？你能不管任何阻礙，仍然繼續前進嗎？」

普通人在事業上一旦失敗，多會一蹶不振，甚至一敗塗地，然而那些有毅力的猶太商人，卻很少認輸。即便失敗了，他們也不以失敗為最終的命運，每次失敗之後，他們都會以更大的勇氣站起來前進，以更多的毅力繼續直到取得最後勝利。

其實失敗並不可怕，可怕的是因打擊而失去士氣。在商場僅有願望是無法成為富翁的，我們必須要學習猶太商人逆境不餒的精神，必須具有堅韌的毅力和明確而具體的計畫才能獲得成功。每一個人要實現成為富翁的夢想，在為之奮鬥的過程中都不是一帆風順，但對一個毅力堅韌的人來講，憑著自己的能力、堅韌的毅力可以不斷超越失敗。

大凡成功者都明白這個道理：失敗是暫時，只要欲望強烈，毅力堅定，一定能把「乾坤」扭轉，轉敗為勝。在商場的激烈競爭中，很多人經不起失利和打擊，一生抑鬱而歿，原因就在於他們沒有認識到人在失敗時會產生一股強大的力量，進而拯救自己。

據有關資料刊載，在人們認為最容易賺錢的美國紐約，經常創造「奇蹟」的「百老匯」，被稱為「希望的墓場」、「機會的關口」、「成功者的天堂，失敗者的地獄」。雖然如此，卻仍是很多人追名逐利，帶著自己的夢和憧憬到百老匯來淘金。但百老匯只向那些天才、成功者點頭哈腰，對失敗者卻是一副冷冰冰的面孔，甚至張開大嘴來吞噬你。百老匯的征服者們成功的祕訣就是：毅力。

面對困難和種種挫折，有毅力便能安然度過。通過毅力考驗的人便能擁有財富，沒有通過的仍是一貧如洗。同時，那些經過毅力考驗的人，除了擁有巨額財富的事業以外，還得到了比物質報酬更為寶貴的東西 —— 怎樣憑藉自己的毅力，利用失敗的教訓去跨越一個個難關，創造更多的財富！不過，毅力不是一個人天生的，它本身就是一種精神，是可以經過磨練得到並提升的。人要想在商場「混」出模樣，自然而然是離不開毅力的。沒有毅力，除非上帝願意把財富賜給你，不然你是得不到的。

在每個人面前，通往成功的路都有很多條，每一條路又都是布滿荊棘的坎坷之路，意志不堅定的人是不會走向成功的。在商場，尤其需要經營者有「永不退縮」的毅力。缺乏這種毅力，所定的目標、寫在紙上的計畫即便再完美，也會成為空談。

毅力是真正能區分商業巨人和普通商人的試金石。在追求財富者心中，人人都想發財，而財富具有無法抗拒的吸引力，毅力和欲望相結合才是開啟財源的鑰匙。

4. 世界上第一流的信譽

無論是做小本生意，還是經營大公司，能夠成功的重要因素，很大一部分是要迎得顧客和廠家的信任。

眾所周知，猶太人被稱為世界上最聰明的人，猶太商人無論在世界哪個角落都很厲害，猶太民族是世界上最具智慧的民族。他們最信仰上帝，那麼，你知道猶太人把什麼當作是上帝給予他們的旨意嗎？答案是 —— 誠信！

在猶太商人作為「世界第一商人」的商旅生涯中，猶太民族與其他民族打交道最多。作為一個弱小的民族，在兩千多年的流浪中，不但沒有被其他民族同化或湮滅，還能不斷從其他民族的錢包中大把大把賺取金錢，其中有一個重要的原因就在於他們把誠信做為心中最高的商法。他們誠信經商、坦誠為人、尊重他人、彼此寬容的道德操守，嚴於律己，重信守約，猶太商人也因此為自己贏得了「世界第一商人」的口碑；而誠信經商，更使得猶太商人得到了世人的信任和尊敬，這在商業社會無疑是一筆最重要、最寶貴的軟資產。

兩千多年的流浪生涯中，猶太人遭受歧視和壓迫，忍受了無數的欺詐和惡意的誹謗，他們飽嘗了美麗謊言背後的兇險和惡毒。正是這樣的經歷，讓他們對說謊者很反感，對欺詐更是深惡痛絕，他們絕不允許自己撒謊騙人，也不允許別人欺騙他們。但是，有一點就是，他們對說謊者從不會鄙視，亦不會有將其置之於死地的報復心理，他們想到的往往是寬容；他們常常會抱以憐憫同情，他們認為撒謊者失去了人性中最寶貴的東西，死後還要受煉獄之苦，這太可憐了。可見，猶太人的確是寬人嚴己、仁慈悲憫的大化之民。在猶太人看來，誠信伴隨和平與公正是支撐世界的三大支柱。

《羊皮卷》上記載了大量關於誠信經商的例子，同時培養了猶太人誠信的經商原則。「唯有誠實正直的經商之道才是生存處世的最高法則」，猶太人將從違反與上帝的契約而遭受痛苦中的深切體會這樣對自己說道。

《羊皮卷》告誡猶太人說：你們不可欺騙；不可偷盜；不可搶奪他人的財物；不可向著我起假誓，褻瀆我的名。

商業是提供性的一種服務，只有誠實對待，取得他人的信任，才可以獲取利潤。而一味單純想從別人口袋裡撈錢的，不過是搶劫而已。

猶太人對於擅長欺騙的人的態度相當激烈，認為他們不可饒恕；相反，不貪圖小便宜，不偷稅漏稅，做一貫誠實的人，猶太人認為很好。誠信為經商的第一要務，這是猶太人的經商法則。

猶太先知曾這樣說，世界末日早晚要到來，當末日到來的時候所有人都會不可避免接受大審判。一旦誰在這個世界上做了好事，他死後的靈魂就會進入天堂；相反，若誰在生前作惡多端，死後的靈魂就會被打人地獄，接受煉獄之苦。而世界末日來臨時的大審判要問以下五個問題：「你在做生意的時候誠實嗎？」「你努力學習了嗎？」「你盡力工作了嗎？」「你渴望得到神的救贖嗎？」「你參與過智慧的爭論嗎？」

我們可以看到，猶太人把誠實、遵守信譽放在做生意的第一位，把在生意中的誠實放在學習、工作、信仰和智慧之前，可見猶太先知對誠信經商的重視。最直接的事實就是如果一個人借了別人的錢，而他又不想歸還，其間沒有其他證據證明他是借過錢的，村裡的拉比就會告訴他，你手按在《聖經》上對上帝起誓說：「我沒有借過這個人的錢。」最後，百分之九十九點九的猶太人會感到很慚愧，承認自己的罪過。

猶太人被稱為「世界第一商人」，換句話說猶太人的信譽是世界上第一流的，可以獲得全世界的信賴，這一光榮稱號是他們幾百年甚至幾千年誠信經商的結果。

《羊皮卷》中有這樣一個故事，目的是教育猶太人應該誠實、絕不可以用任何辦法來不勞而獲取得財富：

有個叫拉比的猶太人，平日裡靠砍柴為生，但是為了研究《羊皮卷》，他決定去買一頭驢來代替自己運柴，這樣可以節省時間來看書。

於是，拉比到了集市上，從一個阿拉伯人手裡那裡買了一頭驢回家。到家後，徒弟們見拉比買的驢子非常高興，於是就將驢牽到河邊去洗澡。就在此時，從驢脖子上突然莫名其妙掉下來一顆很大的鑽石，閃閃發光，耀眼無比，徒弟們歡呼雀躍起來，認為這是上天賜給拉比的禮物。這樣一來，貧窮的拉比從此就可以不用天天砍柴辛勞謀生，可以專心致志研讀《羊皮卷》了。

而當徒弟們興高采烈將那顆寶貴的寶石拿給拉比看的時候，拉比卻出乎意料說：「我們應該把這顆鑽石還給那位阿拉伯人。」

徒弟們不解拉比的話，於是拉比解釋說：「我們買的是驢子，不是鑽石，我們猶太人只能買屬於我們自己的東西。」

而當阿拉伯人見到徒弟們手裡的鑽石時，先是驚奇，進而不慌不忙說：「你買了這頭驢，而鑽石是在這頭驢的身上，那你們也就擁有了這顆鑽石。所以，你們不必還我了，還是自己拿著吧。」

拉比這時說：「這是我們猶太人的傳統，我們只能拿支付過金錢的東西，所以，這顆鑽石必須還給你。」

阿拉伯人聽後肅然起敬，不由得稱讚說：「你們的神必定是宇宙裡最偉大的神。」

猶太人從不屑於做「只要每個人上當一次，我就發財了」的生意。他們厭惡那種流寇式的作戰方法和鼠目寸光的短淺策略，即使是在被人驅趕、朝不保夕，食不果腹的時候，他們看重的仍然是注重信譽、長期合作的利益、和很好的商業口碑，他們的商品絕少有假冒偽劣的。這正是誠信最大意義，它意味著平等的交易、公平的競爭。

誠信經商是猶太商法的靈魂，是商業活動的最高技巧。在現代商業世界，恪守信用已構成了許多企業的市場競爭法寶。世界商業史上第一個提出「不滿意可以退貨」的就是猶太人。注重商業的誠信，視信譽為經商的生命，這是猶太人走遍世界各地都受到歡迎、讓猶太人獲得巨大財富的寶典。

信譽是猶太人處世立身之本，也是商人經商的最高商法。現在廣告宣傳鋪天蓋地，但是，有的人為了發財不擇手段，欺騙消費者。這種人雖然有時僥倖也能發一筆小財，但卻成不了大氣候。顧客受欺騙的一時，卻不會永遠被蒙蔽。這種生意人在一開始就是在為自己掘墳墓。

成功的商人對顧客是必須有信譽的。信用是商品的生命。對這種生命，應該特別珍惜。

5. 78：22 生意法則

猶太人認為，宇宙與生活是相依生息，相容無悖的。因此，他們把這一看法，視作自己生活的法則，並把它活用到謀生、做生意，使其有了前進方向的精神支柱。那就是「78：22 法則」，它構成了猶太人商道智慧的根本。猶太人正是因有了這條法則，做起生意來才得心應手，常勝不敗。

稍微懂點經濟學的人都知道，有一個著名的「洛倫茲」曲線，這個曲線表明了收入分配的格局，即是說，財富不是平均掌握在人們的手中，而是恰恰相反，擁有收入（財富）的絕大多數人只占總人口中的一個比較小的比例。比如：百分之八十的財富被僅僅百分之二十的人口占有，而其餘百分之八十的人只占剩下的百分之二十的財富。換句話說：錢在有錢人手裡。

這或許是一個再簡單不過的道理，但真正理解這句話，而且將其運用到商業運作、經營管理中的人卻不多。我們經常說：「美國人的財富在猶太人的口袋裡」，占美國人口很小比例的猶太人卻擁有美國大部分的財富，這正好證明了這個道理。如果有人問他們何以生財有道，他們會漫不經心說一句：「錢本來就在有錢人手裡。」你或許很不滿意這個好像不是答案的答案，但是請你千萬別誤會，猶太人是告訴你一個真理：錢在有錢人手裡。所以，我們要賺那些有錢人的錢，這樣就可以賺大錢了。

眾所周知，自然界空氣中氮與氧的比例是 78：22；在人體中，水分與其他物質成分的比例也是 78：22；在正方形中，如果其面積為 100，那麼其內切圓的面積也約為 78，其餘部分的面積也剛好是22。可見，78：22是大自然中一個客觀的大法則，是一個超乎一切的「絕對真理」，它一直在冥冥之中規定著我們的世界，左右著我們的生活。這是一個具有絕對權威、千古不變的真理法則，猶太人的商道智慧就建立在這個法則之上，理所當然將它作為經商的基礎，依靠這個不變法則的支持，獲得世人皆慕的財富，這是猶太人千百年來經商經驗的精華。

我們不妨來舉個例子，如若有人問，「世界上放款的人多還是借款的人多？」很多人當然會認為「借款的人多」。然而，猶太人的回答卻正好與一般人的回答相反，他們會一口咬定：「放款人占絕對多數。」而事實上也正如此。比如銀行，它從眾多的人手中借錢，再貸給另一部分人。假如是想借錢的人多，支大於收，銀行不就破產了嗎？

鑽石，是一種高級奢侈品，它主要是高收入階層的專用消費品，一般收入的人是購買不起的。而從一般國家統計數字來看，擁有巨大財富，居於高收入階層的人數比一般人數要少得多。因此，人們都存在這麼一個觀念：消費者少，利潤肯定不高。絕大多數人都不會想到，居於高收入階層的少數人卻持有多數的金錢。換句話說，一般大眾和高收入人數比例為78：22。但他們擁有的財富比例卻要倒過來22：78。猶太人告訴我們：賺「78」的錢，絕不吃虧！

一日籍猶太商人就看中了這一點，他把鑽石生意的眼光投向占人口比例「22」的有錢人身上，一舉取得巨額利潤。

一九六九年年末的一天，該日籍猶太商人抓住時機開始尋找鑽石市場。他來到東京的某百貨公司，要求借該公司的一席之地推銷他的鑽石，但是該公司根本不理他那套：「這簡直是亂來，現在正值年末，即使是財主，他們也不會來的，我們不冒這種不必要的風險。」斷然拒絕了他的請求。

但這位商人並不氣餒，堅持以「78：22」這條萬無一失的法則來說服N公司，最後取得該公司一角，郊區 M 店。M 店遠離鬧市，顧客很少，生意條件不利，但該日籍猶太商人對此並不是過分憂慮。鑽石畢竟是高級的奢侈品，是少數有錢人的消費品，生意的著眼點首先得抓住財主，不能讓他們漏網，以賺取占錢「78」的人的錢。當時N百貨公司曾不在意的說：「鑽石生意一天最多能賣兩千萬元，算不錯了。」該日籍猶太商人立即反駁：「不，我可賣到兩億元給你們看。」這在別人看來，無疑是狂人的說法了。但該日籍猶太商人胸有成竹說出這句話來，無疑是源於「78：22」法則的信心。

事實上，「78：22」法則的魔力很快就顯示出來了。首先，他在地段很不利的 M 店，取得了一天六千萬元的好利潤，大大突破一般人認為的五百萬元的效益估量。當時正值年關賤價大拍賣，吸引了大量顧客，該日籍猶太商人利用這個機會，和紐約的珠寶店聯絡，寄來的各式大小鑽石幾乎都被搶購一空。接著，該日籍猶太商人又在東京郊區及四周，分別設立推銷點推銷鑽石，生意極佳。相反，N公司由於開始沒有抓住占錢「78」的有錢人的機會，當全國各地銷路大開時，才低頭提供攤位，結果效益反而不如其他本來相對蕭條的商點。

這樣到了一九七一年二月，鑽石商的銷售額突破了三億日元，該日籍猶太商人實現了曾許下的狂言。

鑽石生意成功了，奧祕在哪裡？就在於「78：22」法則，Ｎ百貨公司卻對此有過懷疑，他們認為鑽石商品能夠購買的人很少，因此銷路一定不好。而該鑽石商人卻不這麼想，他把鑽石看成稍微高級的小轎車，是有錢的或稍微有錢的人都買得起的奢侈品，這一部分人雖占全國人口的少數，卻占有全國金錢的多數，賺這部分人的錢，效益必定很高。這便是猶太人「78：22」之魔法生意經的最好運用。

「錢在有錢人手裡，賺錢就要賺有錢人的錢。」這是猶太商人的魔法生意經，而這一魔法生意經卻源自於他們對生活、對世界的看法，即「78：22」法則。

6. 小富靠勤，大富靠智

世上沒有什麼是永恆的東西，但是對於經商來說，善於運用智慧便是最永久的商道。

有這樣一個小笑話：美國和前蘇聯兩國在成功完成載人火箭飛行之後，法國、德國、以色列也相繼擬訂了旅行月球的計畫。一切登月設備準備就緒，下一步就是挑選太空人。於是，招考人員先問起了應徵的德國人，在什麼待遇下才願意參加太空飛行。德國人回答：「我需要三千美元，一千美元給妻子，一千美元作購房基金，一千美元自用。」接著輪到法國人回答：「給我四千美元。一千美元給我妻子，一千美元歸還購房貸款，一千美元給我的情人，還有一千美元留著自己用。」當到猶太人應徵者時，這位猶太人說：「給我五千美元，一千美元給你，一千美元歸我，其餘的三千美元雇德國人開太空船。」

當然招考人員不一定會這麼做，但這件事足可以說明猶太人是多麼的精明，他們不必自己親自去冒風險，只需擺弄數字就 OK 了。猶太商人之所以能夠如此游刃有餘馳騁於世界經濟舞台，這和他們的精明顯然是分不開的。

猶太民族是一個崇尚智慧的民族，猶太商人經商也擅長以智取勝。其他的姑且置之一旁，在實業界中專執金融這個牛耳就足以說明這一點。智慧這個詞概念模糊，到底智慧是什麼，解釋起來也許說法不一，那麼在猶太商人的眼中，智慧是什麼呢？

我們不妨先看看猶太商人在具體經商時的智慧體現。經過長期的艱難奔波後，猶太商人們驀然發現，女人和嘴是兩大永不枯竭的財富。他們發現，男人所賺來的錢，最終都交給了女人來消費，於是他們便想出以女性用品作為為經營對象的辦法，大到從價格高昂的金銀珠寶，小到個性化的小型佩飾，無不看準女性的錢包，結果當然是大發特發。

另外就是人們的嘴巴，猶太人把與人們嘴巴相關的商品一一列成清單，如食品、酒、菸等，作為自己賺錢致富的第二條管道。他們這樣想，每個人不分高低貴賤，都要吃東西，今天吃了，明天還要吃，只要活著，嘴巴就是一個無底洞。於是，他們想辦法開始不斷往顧客的嘴裡填東西，隨之帶來的收益是：自己錢袋越來越鼓。

這足以體現了猶太人經商方面的智慧。那麼這種智慧究竟是從何而來的呢？猶太人認為，知識固然重要，但是，如果沒有膽識和魄力，知識就不能發揮它潛在的作用。猶太人同時還認為，賺錢是天經地義、最自然不過的事，如果能賺到的錢而不去賺，那簡直就是對錢犯了罪，是要遭到上帝懲罰的。而他們的賺錢往往又強調以智取勝，金錢和智慧相比，智慧比金錢顯得更重要，因為智慧是能賺到錢的知識，也就是說，能賺錢方為真智慧。這樣一來，金錢便成了衡量智慧的尺度。

讓我們來看看下面這個故事，猶太人的智慧到底是怎樣的高深莫測吧。

據說，一著名學院的院長繼承了一大塊貧瘠的土地，這塊土地上不但沒有具有商業價值的木材，也沒有礦產或其他貴重的附屬物，這樣看來，這塊土地不但不能為他帶來收入，反倒是他支出的一項來源，因為他必須支付該土地的土地稅。後來，州政府建造了一條公路，該公路一定要從這塊土地上經過。一天，一位猶太人開車經過，看到了這塊貧瘠的土地正好位於一處山頂，可以觀賞四周連綿幾公里長的美麗景色，而且這塊土地上還長滿了一層小松樹和其他樹苗。於是，他立刻果斷以每畝十美元的價格，買下這塊五十畝的荒地。並且在靠近公路的地方，猶太人蓋了一間獨特的木造房屋，並附設了一間很大的餐廳，同時在房子附近他又建了一處加油站，之後在公路沿線建造了十幾間單人木頭房屋，以每人每晚三元的價格出租給遊客。最終，餐廳、加油站及木頭房屋，使他在第一年淨賺一點五萬美元。

第二年，這個猶太人又開始規模擴張，增建了另外五十棟木屋，每一棟木屋都有三間房間。他把這些房子以租金為每季一百五十美元出租給附近城市的居民們，作為避暑別墅。而這些木屋的建築材料根本不必花他一毛錢，因為這些木材就長在他的土地上。還有更妙的就是，那些木屋獨特的外表設計最後巧妙成為了他擴建計畫的最佳廣告，而一般人用如此原始材料建造房屋，很可能會被認為是瘋子。

故事到這裡並沒有結束，這個猶太人在距離木屋不到五公里的地方，又以每畝價格二十五美元，買下了占地一百五十畝的一處古老荒廢的農場。

接著他又建造了一座一百公尺長的水壩，同時將一條小溪引向一個占地十五畝的湖泊，並在湖中養了許多魚，然後再把這個農場以建房的價格出售給那些想在湖邊避暑的人。這樣只是簡單一個轉手，花了一個夏季的時間，就賺進了二點五萬美元。

智慧的眼光使這個猶太人變廢為寶，為自己贏得了巨額財富。而下面故事中兩位拉比的對話，則更能反映出智慧與財富的關係。

相傳有兩位猶太拉比有一天，兩個人沒事閒聊起來：

「智慧與金錢，哪一樣更重要？」

「當然是智慧更重要。」

「既然如此，有智慧的人為何要為富人做事呢？而富人卻不為有智慧的人做事。大家都看到，學者、哲學家老是在討好富人，而富人卻對有智慧的人露出狂態呢？」

「這很簡單。有智慧的人知道金錢的價值，而富人卻不懂得智慧的重要呀。」

拉比為猶太教教士，也是猶太人生活等一切方面的「教師」，經常被看成是智者的同義詞。所以，上述故事實際上在說「智者說智」。換句話說，只有明白金錢的價值，才會去為富人做事；而不知道智慧的價值，才會在智者面前膚淺露出狂態。故事明顯的調侃意味就體現在這個內在的悖謬之上。

實際上，金錢與智慧兩者之間並沒什麼矛盾：活的錢是不斷生利的錢，比死的智慧重要；但活的智慧比死的錢更為重要。那麼，活的智慧與活的錢相比哪一樣更為重要呢？

無論從這則笑話還是從猶太商人實際經營的活動角度來說，我們都會得到一個猶太人的謀錢術答案：智慧只有融入金錢之中，才是活智慧，錢只有融入智慧之後，才是活錢；活的智慧和活的錢千絲萬縷，因為它們本來就是魚水不分的。

7. 傻瓜才拿自己的錢去發財

俗話說：孤掌難鳴、獨木不成橋。一個涉人社會生活的人，必須尋求他人的幫助，借他人之力，方便自己。一個沒有多少能耐的人必須這樣。一個有能耐的人也必須這樣。不過，「他人」只是一個泛泛的概念，有些不著邊際，而且這些「他人」大多都是你的陌路人，不太熟悉的人，關係很一般的人。他們大多都不能具體幫助你。「他人」中只有一種人能夠實際幫助你，那就是一朋友。這些貼近你的親朋好友，總是給你各式各樣的幫助。你遇有危難緊急，總是他們幫你排憂解難，度過危急。

或者當你吉星高照時，也是他們為你抬轎唱喏。朋友，是一個特定的圈子。圈子雖小，作用卻難以估測。

在猶太商人中廣為流傳著一句名言：只有傻瓜才拿自己的錢去發財。很多成功的猶太商人在創業的初始階段財力有限，因此無本經營成為他們的首選，他們想出來的辦法通常是「借錢賺錢，借錢發財」。猶太商人的變錢之道值得借鑑，在必要的情況下，借勢經營，尋找為自己生金蛋的母雞，敢於借貸、善於用貸，走一條借錢生錢的發財路。

借錢賺錢是無本經營者最普遍使用的一種方法，畢竟兩手空空，身無分文，不論辦什麼事都舉步維艱，所以只有靠借才能有出路。

美國鋼鐵大王卡內基曾預先寫下這樣的墓誌銘：「睡在這裡的是善於訪求比他更聰明者的人。」的確，卡內基能夠從一個默默無聞的鐵路工人變成一個世界知名的鋼鐵大王，是他能夠發掘許多優秀人才為他工作，使他的工作效益增值了成千上萬倍的結果。

真正精明的經營者賺錢不需要自己有很多本錢，因為他們知道如何使用別人的錢。賺大錢需要的是智慧和膽量，而不是雄厚的資金。

對創業者來說，你擁有的資金越多，可選擇的餘地也就越大，你成功創業的概率也就越大。如果你缺少資金甚至沒有資金，創業的一切就無從談起。不論是在商界還是在科技界，猶太人的成功者眾多，就是因為他們懂得任何事業都不能一步登天，而只能靠一點一滴積累。不過「積累」的辦法並不是一味埋頭苦幹，而是用各式各樣合適的辦法，快捷、毫不費力的完成。借「雞」來為自己生「金蛋」就是一種快捷而毫不費力的訣竅。

8. 重視每一分錢的效用

有句俗語：「錢字有兩戈，傷盡古今人。」此話把錢字的形象表達清楚了，更把它的含義說得淋漓盡致。那「戈」是古時的武器，「錢」字是由「金」和兩把「戈」組成的，即指「錢」是靠武器維護著或是經過鬥爭而得來的。為了「錢」，古今中外多少人傷透腦筋，傷盡勞力，傷盡情感；亦有多少人為其折腰卑膝，以靈魂肉體相換；亦有人視「錢」為糞土，絕不沾掂一切不義之財，絕不為銅臭折腰。

猶太人對錢的觀念自有所持，特別是猶太商人，世界上流行這樣的說法：「猶太人是吝嗇鬼。」此說法有一定依據，但也是一種誤解。因為猶太人中有很多是經商高手。作為商人，對物品斤斤計較和對金錢核算是職業本能的反映。作為商人，如不精打細算，不愛惜錢財，怎能獲得經營的利潤呢？

猶太人出門買東西，不管花費多少，不管東西便宜或是貴，都一定要有帳單。所以許多猶太人到一些地方，看到一般餐廳中只報帳而沒有帳單的情況，就會覺得有些不可思議。許多民族對待金錢的態度要比猶太人隨意得多。據說有一位希臘人經常光顧某家餐廳，每次吃大致相同的飯菜，但每次結帳，價錢都互不相同，但相差不多。他的猶太朋友聽到這件事，十分驚訝，要追究所以然。希臘人說：「這麼一點小錢，何必認真？」猶太人一邊搖頭，一邊口呼上帝，彷彿犯了什麼大罪過。

猶太人普遍堅持錢不能隨便用，錢一定要用到最需要的地方。猶太人堅持這種觀念的原因，是因為他們清楚「支出」和「欲望」二者之間的關係。這個問題，看來不好理解，透過下面一段文字，你可能就會明白：用錢的人應該是一個能夠控制自己欲望的人。

人常為不能滿足的欲望而愁苦，而在猶太人看來，支出和各種欲望不能混為一談。不同的家庭都有不同的欲望，可是這些欲望並不能憑藉自己的收入就得到滿足，因此，切不可把自己的收入浪費在不能滿足的欲望之上，因為許多欲望是永遠都得不到滿足的。

不要以為億萬富翁有那麼多的金錢，就一定可以滿足自己心中的各種欲望，這種想法完全錯誤。作為億萬富翁，他的時間和精力都極為有限，他能到達的路程受到限制，他吃進胃裡的食物受到限制，而且他的享樂範圍受到限制。

欲望就好像是野草，農田裡只要留有空地它就生根滋長，繁殖下去。欲望是無窮無盡的，但是你能滿足的卻微乎其微。人們要仔細研討現在的生活習慣，你們認為有些是必要的支出，但經過明智思考之後便會覺得可以把支出減少，也許覺得可以把它取消。因此猶太人把這句話當做格言：「哪怕一分錢也要發揮百分之百的效用。」

猶太人注重開支的預算，一般根據「預算的百分之九十支出、百分之十儲蓄」的原則，慎重使用收入，開支必要的支出及購買必需物品，把不必要的東西全部刪除，因為它是無窮欲望的一部分，不可容納和反悔。切記不要動用儲蓄的百分之十收入，因為那是致富的本源。大家要養成儲蓄致富的意志，保持對支出的預算，並及時對預算作有利的調整，調整預算能幫你保住已經賺得的金錢。

有一位猶太人在逛一家日本百貨公司的時候，偶然和一位日本經理攀談起來，那位日本經理很認真問：「情人節、耶誕節、父親節、母親節等，我們都沿用了西方的習俗，可是還嫌不夠，請問在你們的風俗之中還有沒有可以送禮物的節日呢？如果有的話，請你趕快告訴我，因為我們日本人是很喜歡送禮的。」

這種說法在猶太人中成了笑談。猶太人雖然也會在某些值得慶祝的日子裡交換禮物，但只限於和自己有血緣關係的親戚，所送的東西也是很便宜的禮物。禮輕情義重，收到禮物的人也都很高興。這是猶太人送禮的法則和智慧。事實上，比較恰當的說法是：「猶太人愛惜金錢」，但是，他們整個民族並不是都吝嗇得像鐵公雞。猶太人講究的是節制的生活。

猶太富商說：「猶太人普遍遵守的發財原則，就是不要讓自己的支出超過自己的收入，如果支出超過收入便是不正常的現象，更談不上發財致富了。」

猶太商人用錢時珍惜錢財的事例有許許多多，有不少成為美談趣話。據說美國當今最大的財團之一洛克斐勒財團創始人，曾經有過兩段有趣的故事：

洛克斐勒剛開始步入商界之時，經營步履維艱，他朝思暮想發財卻苦於無方。有一天晚上，他從報紙上看到一則廣告，是推銷一種發財祕訣的書。他為此高興極了，第二天急急忙忙到書店去買了一本。他迫不及待把買來的書打開一看，只見書內僅印有「勤儉」二字，其餘再沒有任何內容了，使他大為失望和生氣。洛克斐勒因此思想十分混亂，幾天寢不成眠。他反覆考慮該「祕訣」的「祕」在哪裡？起初，他認為書店和作者在欺騙他，一本書只有這麼簡單的兩個字，他想疾書指控他們在欺騙讀者。後來，他越想越覺得此書言之有理。確實，要發財致富，除了勤儉之外，別無其他辦法。這時，他才恍然大悟。

此後，他將每天應用的錢加以節省儲蓄，同時加倍努力工作，千方百計增加一些收入。這樣堅持了五年，積存下八百美元，然後將這筆錢用於經營煤油。在經營中他精打細算，千方百計將開支節省，把盈利中的大部分儲存起來，到一定時間把它投入石油開發。照此迴圈發展，如滾雪球一般使其資本愈來愈多，生意愈做愈大。經過三十年左右的「勤儉」經營，洛克斐勒成為美國最大的三個財團之一的首領，直至一九九六年，其財團屬下的石油公司，年營業額竟達一千一百多億美元。

可見，猶太人經商致富的祕訣不單是精於做生意，還與他們善於節儉，不亂揮霍錢財有關。猶太人的用錢觀念總結起來可以這麼說：努力賺錢是開源的行動，設法省錢是節流的反映。巨大的財富需要努力追求，同時也需要杜絕漏洞，這正如古人說過的「泰山不讓土壤，故能成其高；河海不擇細流，故能就其深」，世界上有許多猶太人成為大富豪，這是因為猶太人有可貴的勤儉精神。他們成為屈指可數的大富豪後，仍堅持節儉，保持著猶太人特有的愛惜金錢的精神。

9. 與猶太商人打交道的智慧

猶太民族是一個弱勢的群體，嚴酷的現實環境，迫使他們時時提防可能出現的災難性打擊，除了相信自己，他們對一切都持懷疑態度。作為標準商人的代表者，猶太商人懷疑一切，這點傾向非常突出。即使是今天，猶太人的生存環境有了很大的改變，但猶太商人在做生意時，仍受著傳統文化和民族性格的影響，非常注重現金交易。

在猶太商人看來，無論從事什麼行業，做生意賺錢，都會有風險，外部世界的瞬息萬變，任何意外事故的發生，都有可能危及到自己的商業計畫。如果能用現金的方式交易，商業往來中的諸多風險就會被大大降低。

受這一理念的支配，猶太人在與人合作做生意時，即使受客觀條件的制約，不能用現金交易，他們也會對合作者的信譽、實力等嚴格審查評估。特別在對方是受貨方時，這種考察和審核更是到了近乎嚴苛的地步。

猶太商人無疑是世界上最為精明的商人，他們作風嚴謹，思維縝密，行動絲絲入扣，幾乎到了無懈可擊的地步。與其交往合作，切忌心存僥倖心理，更不能超越商業規律，去做一些有違基本準則的事情。一旦讓他們發現其中有詐，結果殊難預料。

嚴格遵守商業法則，是猶太商人取得成功的保證。隨著商業文明在兩河流域的興盛和發展，猶太人在商業活動中，也成為信奉契約的典範。他們對外總是小心謹慎，對一切持懷疑的態度，絕不輕易相信別人，認為只有以契約的形式進行固定，才能使自己的利益得到保障。

猶太商人把契約奉為神聖之物，自己則認真履行合約規定的責任和義務，對合作夥伴的要求同樣非常嚴格。在猶太商人的圈子裡，不能遵守合約的人，不僅僅是商業道德的問題，人品也會遭人唾棄，一旦惡名在外，幾乎不能立足。

在與猶太商人合作交往時，一定要牢記他們的這一民族性格，簽約一定要謹慎，寧可放棄一筆沒有十足把握的生意，也不能失信於人而砸了自己。任何一點疏忽或者粗心大意，都有可能帶來致命的損失。為了不使人有隙可乘，你應該寧可多花點錢聘請一位律師，不要到了發生問題才去請律師，在談判過程中就每一細節磋商落實，防範糾紛發生於未然。

猶太商人惜時如金，不僅是在關鍵時刻大膽出擊，即便是在日常管理中，也很嚴謹認真，絕不苟且。

對絕大多數猶太商人來說，無論企業大小，作為老闆，不僅應制定詳細的工作時刻表給員工，對自己一天的日程也應預先安排得周密無比。

要想拜訪猶太商人，一般都要事前預約，否則，無論是怎樣重要的客人，都會被拒之門外。即使處於會見階段，猶太商人也會通知對方，雙方會談的時間在什麼樣的限度之內，超過這一期限，你就得主動離開。

針對猶太商人惜時如金的性格特徵和行為作風，在與之交往或合作時，首先要注意培養自己的時間觀念，充分考慮與時間有關的具體事項，如交貨、付款等。其次是要注意與猶太商人搶時間，特別是與同類產品的競爭，只有搶先一步，才能爭取主動，一旦讓他們搶得先機，再想打敗他們，幾乎是不可能的。

一般的商人，討價還價的目的，是想賺取更多的利潤，猶太商人卻不僅僅如此。他們認為，一次成功的討價還價，能使自己更有信心，同時打擊對方的信心。

作為買方，猶太商人討價還價的策略，是殺起價來非常狠心。為達目的，他們總是不斷挑剔對方貨物的種種毛病，哪怕這些毛病根本不存在，但在他們的窮追猛打之下，對手難免堅持不住，自動敗下陣來。

如果自己是賣方，猶太商人先制定出售的底線價格給自己，然後漫天要價，絕不輕易讓步，一點一點消耗顧客的意志力。低於底線價格，他們是絕對不會出手的，反過來，你見他們做出無可奈何的樣子，忍痛出售時，一定不要被他們的可憐相所迷惑，說不定他們的心裡正竊喜呢。

「與其迷一次路，不如問十次路。」此乃猶太商人視若至寶的格言。他們為人處事，絕不盲目衝動．絕不打無準備之仗。在商業談判中，事先了解對手。摸清對方底細，是猶太商人一定要做的準備工作。這就說明，一旦你淪為猶太商人的談判對手，尚未正式坐到談判桌上，你的相關情況，比如企業的各種資料，甚至個人的身世、嗜好等，全都掌握在猶太商人的手中。在沒有絕對把握的情況下，較明智的做法，是以不變應萬變，坦誠告知一切，不刻意隱瞞和矯飾。當然，如果你能預先判斷，製造一個假像給對方，在關鍵時間拿出撒手鐧，也能收到良好效果。

作為商業談判的高手，猶太商人很善於在一些細枝末節上下功夫。在談判過程中，猶太人總是滿臉笑容，主動向你問好。可是，你別以為在談判時猶太人會輕易接受你的條件。有時談判結果和協議，常常會費盡口舌才得以勉強通過，他們對於合約，協議之類檔，一字一句都十分細心，絕不馬虎。有時會爭得面紅耳赤，但是過後一轉身，儘管對方餘怒未消，

猶太商人仍然笑容可掬向你問好，好像從來沒有和你爭吵過。有時對方表面上雖然也裝得平靜，可是心裡的衝動卻難以抑止。猶太人精明過人，他早已看出你的心理活動，於是及時掌握主動權，連連向你發起談判攻勢。

猶太商人善用富有表現力的形體語言來活絡談判的氣氛，增強談判雙方的認同感。笨嘴拙舌，是和猶太人談判的一大禁忌。語言功夫是談判者做生意的本錢。猶太人認為善於講話的人是最好的生意人，要進貨，要推銷，少不了靠語言本領。說得好不好，中聽不中聽，大有講究。吹牛皮不足取，但是當啞巴，或說話枯燥乏味，或不分對象、場合亂講一通，那也是做不好生意，賺不到錢的。若做國際商人，談判者第一關就得講一口流利的英語，能講幾種外語則更佳，猶太人認為談判做生意，語言與金錢是兩位一體不可分的，就算是啞巴，也要巧妙運用手語才是。

在語言的使用上，猶太商人很少用「我認為」這樣的表達方

式，而是採用「您認為如何」這樣的話語，以示對對方的尊重，減輕對方的心理負擔，從而輕鬆達到自己的意圖。

猶太商人的原則性很強，凡事以賺錢盈利為最高目標，絕不做無用之事，既然雙方能坐到談判桌上，猶太商人的誠意就不容懷疑。明白對方同樣存有合作成功的希望，心理上就不必有任何負擔，該怎麼做，就怎麼做，反而容易取得好的結果。在對方提出的訂單無法接受時，猶太人就要明白告訴你「不能接受」，而不是含糊其辭，使談判對手存有希望。倘若有商量的餘地，猶太人便會據實告訴談判對手，待後作答，這樣的談判就不會有糾紛了。

另外，有人還說猶太人是數字化的民族，特別是猶太商人，在談判前就把帳都算清楚了。若事先有所準備，用準確無誤的數字來說服對方，就會有意想不到的好效果。

第三章

日本商道：「巧取豪奪」算不算經營之法？

日本商人是世界上公認的「銀座猶太商人」，也是將東方儒家思想與西方現代科學管理理念融合的最完美的商人。人口只占世界人口四十分之一的日本，竟創造了全世界七分之一財富，人均達兩萬七千美元，雄居世界首位；世界十大銀行，日本占八席，是名副其實的世界第一銀行。

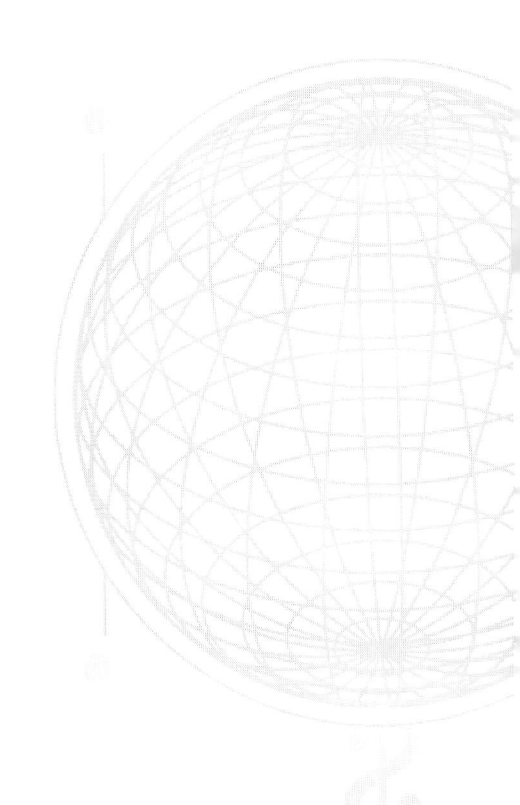

1. 世界上公認的「銀座猶太商人」

日本一個彈丸島國，土地狹小，資源貧乏，自然災難頻發，在其統一的千年歷史中，似乎除了日本人外，沒有哪個國家將其稱為「大日本」。

這樣一個資源小國，戰後從廢墟中重建，如今商品充塞全球，獨占美國大半市場，一度把美國公司逼到絕境，歐亞各國的情況亦無二致，一躍成為世界最大債權國和經濟援助國。日本人的絕招是什麼？是一流的商道。日本人有一種「求道精神」，茶道、花道、劍道、柔道、空手道、書道、琴道……從一技一藝到百藝百能各具流派，「技」和「美」各臻最高境界，「質」和「善」各達最高領域。

日本民族是由多種民族混合而成的。據說，繩紋時代末期和彌生時代，亞洲大陸一些民族的居民曾成批東渡日本。秦始皇時代，徐福帶三千童男童女，乘船東渡日本求長生不老仙藥的故事，自《史記》以來史書盛傳，民間婦孺皆知。這個膾炙人口的歷史傳說，很可能反映了當時中國向日本的一次大移民。

日本地處太平洋中的一組島嶼之上。日本列島雖有豐富的水產資源，較多的降雨量等自然條件，帶給民眾天賜的恩惠。但日本海的狂濤巨浪，太平洋的無邊無垠，也帶來了極大的困難給海島交通。島上山嶽起伏，平原湖泊較少，自然資源貧乏，火山時發，地震常起，隨時帶給人們無法躲避的災難。

日本人形成了「無常」的觀念，頻繁多變的自然環境使日本人處於「無常」的生活之中。因此，日本人具備高度的應變能力，同時又進一步形成他們自我否定的精神和求新的欲望。

這就為日本商人奠定了最初的基因。

日本經濟的成就和在世界經濟中的地位，已經毋庸贅言。在亞洲，自然是無人企及，即便放眼世界，也只有美國或有過之。但美國資源富饒、人才薈萃，美國經濟受世界大戰的影響極少，始終保持著持續發展的良好態勢。而在二十世紀初，尤其是第二次世界大戰結束以後，日本由一片廢墟堆中重建家園，短短數十年，神話般發展起來，搖身一變成了世界強國。取得如此成就，又有誰能望其項背呢？

看看日本的港口、碼頭上，停放著成千上萬的高級轎車，家用電器，和各式各樣的日本商品，像太平洋的波濤，印度洋的浪潮，衝擊著歐美市場及世界的各個角落。廉價的日本商品大量傾銷，使歐美的工廠一家又一家從市場上無聲無息消失了，一批又一批工人在競爭中失去了工作。面對日本商人那咄咄逼人的貿易攻勢，面對這場來勢兇猛的「日本旋風」，歐美各界無不牢騷滿腹，怒氣沖天。於是，歐洲人開始抵制日貨，美國人則唉嘆「── 美利堅被推上了斷頭台」，「沒有軍隊的日本已經獲得了他們發動第二次世界大戰時企圖得到的東西 ── 共榮圈」。

然而，有著如此淩厲攻勢的日本商人，卻是生長在一片以「禮儀」著稱世界的國土上。日本自古以來就是典型的東方禮儀之邦。

日本受中國儒家文化的影響頗巨大，所以日本人為人處事、與人交往，最講究謙恭有禮。

比如，日本商人初次見面，自我介紹之後，必然要說一句「請多多關照」。看似簡單質樸的客套話，把自己的身分置於下位，實際上卻很好體現了對對方的尊敬和自己的謙恭。除了嘴裡說的，還有具體的行動。見人鞠躬，也成為日本社交界最典型的標準動作。

大家知道，在日本，即便是相濡以沫多年的夫妻，也有見面鞠躬的儀式。所不同的是，女性在鞠躬時，都表現得溫順典雅、動作輕柔，雙手置於雙腿之間，有中國古代女子「道萬福」演化而來的痕跡；男性鞠躬，要莊重謹慎得多，一般是脊椎挺直，雙手緊貼於身體的兩側，躬身約三十度，持續時間三秒鐘左右。

嘴裡說著請多多關照，身體做著鞠躬的動作，這是我們確認對方為日本人的有力憑證。任何一種現象，都不是獨立存在的。日本人的謙恭有禮，有深遠的習慣傳統，和社會生活的其他方面，也是緊密聯繫的。社會等級觀念，為人處事的忠誠和信義，都和崇尚謙恭有禮息息相關。在此文化土壤的孕育之下，就連看似再簡單不過的鞠躬，也有頗多講究。男人鞠躬，特別是在莊重的社交場所，一定要視彼此的身分地位高低，在躬身的角度和持續的時間而採取不同的對待，但都力求恰如其分。一般而言，躬身的角度越大，表示對對方越是尊重；如果雙方地位懸殊，都是地位較高者先平身，否則，過早平身，就有失禮數。很多時候，鞠躬的次數也有學問，至少是對初次見面的人，只鞠一次躬，往往是不夠的。

本來互換名片是世界通用的禮儀交往方式。但在日本，遞名片的先後順序，與對方的資歷和地位卻大有關聯，主人先向客人遞名片是前提，遞名片時由對方的地位從高到低依次遞給，也是普通的慣例，否則，就失了禮數。無論是誰，接受對方的名片，都要馬上認真閱讀，切不可隨便收起來，必要之時，還要針對名片說一些讚美之辭。

另外，與日本商人交往時，需要主注意的禮節還很多。針對他們謙恭有禮的傳統習慣，美國人在《怎樣與日本人做生意》一書中，對見面問候，做了如下建議：能用日語最好，即便不標準，對方也會非常高興；表明自己對日本的喜愛，能說出自己對某一日本菜的偏愛，會有意想不到的驚喜；直呼對方名字，當然要加個「君」字；鞠躬三至四次，多說恭維話；一定要說自已是多麼盼望與對方見面，表達自己見到對方是多麼高興。這些都是簡單易行的辦法。

日本人講究謙恭有禮，是建立在真誠基礎上的，假如沒有把握好分寸，讓人感覺你是在虛偽巴結討好，結果會很糟糕。

禮儀之邦走出來的日本商人促進了日本經濟的騰飛，除了謙恭有禮，在這些商界鉅子的身上，還凝聚了無數日本商人的智慧，反映著整個大和民族的性格特質。

2.「巧取豪奪」的「拿來主義」

縱觀日本商人的經營策略，日本人成功的祕訣主要在於他們手中拿著兩件從異域借來的武器 —— 西方的現代化管理和東方的儒家思想。日本商人將中西文明合璧，不斷引進、模仿、吸收、應用，取彼之長補己之短，在別人建立起的基礎上實行再發展，這是日本人經商的高明之處。

戰後初期的日本，在科學技術領域，與西方先進國家相比，整整落後了二十年。為了盡快縮短這一差距，日本人採取了「吸收性技術革新」的戰略。大量引進外國先進技術，加以模仿，消化和創新。結果，日本人用了二十年的時間，就學會了先進國家幾個世紀開發出來的技術成果。

日本商人將西方的現代文明與東方的古老文明結合，巧妙靈活運用於商戰之中，於是財源滾滾而來。這說明日本商人吸收和改造人類文明成果的巨大能力是異乎尋常的。

日本人的確是一個善於學習的民族，而且對學過來的東西能加以發展，做到青出於藍而勝於藍。日本語言雖然是以漢字為基礎，但又吸收了不少的外來語。日本人在學習東方文化和西方文化上都捨得下工夫，而且經常是徒弟超過老師。

一九七〇年代，美國人率先研究成功非晶矽太陽能電池。當時，從事同一研究的日本三洋電機公司並不服輸，他們認為，評定勝敗的最終標準，是看誰能把完善的產品打入市場。

結果，日本人贏了。一九八〇年，他們的產品首先投放市場。一九八五年，他們的產品已占日本同類產品的百分之三十八。難怪成功後的日本人要發出這樣感嘆：我們需要諾貝爾獎，但我們更需要諾貝爾。

日本商人就是這樣一個「實用主義」與「拿來主義」結合而成的「怪胎」。在他們的眼裡，無論是東方的古老文化，還是歐美的現代技術，只要是好的，有用的，就毫不猶豫拿過來用。

日本商人到國外參觀，總是人人拿著筆記本，照相機，把聽到的記下來，把看到的拍下來，然後帶回去消化、吸收，毫無顧忌的「拿」，結果拿來一個現代化。

面對這樣一個典型的「拿來主義」和「實用主義」，你是讚其利？還是貶其弊？

一九五〇年，一位美國品質管制專家抵達日本，向日本人傳播美國的品質管制經營。每個前來聽課的人，都像在學校裡上課一樣，認真聽教師講解，認真記下教師的一字一句，全神貫注，一絲不苟……不過，「學生們」對待美國的新經驗，像以往對待任何新東西一樣，並非機械照搬照抄，死記硬背，而是結合日本的實際情況重新組裝，建立了日本獨特的品質管制圈制度和全面品質管制制度。這樣，不僅把自己公司的產品設計、製造、檢查及銷售包括在內，而且把衛星工廠生產方式也納入管理範圍之內。使得品質管制從原料到成品這一過程都得到執行。生產流程示意圖上，凡是品質有問題的工序都插上一面小旗。取下一面小旗，說明該產品的品質又進了一步。

一年以後，為了表彰這位來日本傳授美國品質管制經營、為日本品質活動作出傑出貢獻的美國專家，日本商人以他的名字命名，設立了「戴明獎」。

日本人學習、引進了美國人的品質管制辦法，但又將其發展，形成日本自己獨特的東方式管理。二十年後，當美國人慕名前來日本學習那頗具神祕色彩的東方式管理經驗的時候，日本人告訴他們：這項日本經營管理的最高獎賞，是為紀念你們的經濟學家而設的。

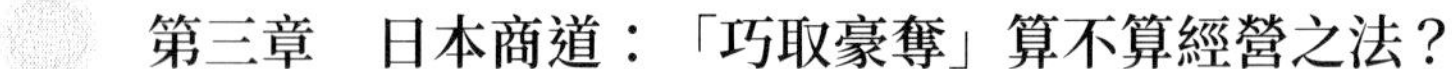

美國和德國的汽車起步最早，可謂是汽車界的老前輩了，相對於日本而言，美國和德國的造車經驗更加成熟。但是，日本人很聰明，從豐田佐吉派兒子到美國底特律學習汽車開始，日本人把國外生產的汽車買來後，通通都拆開，一個個零件研究，最後自己消化吸收後就是創新了，日本人的創新正是促使日本汽車快速發展的一個原因。

再如日本的新日鐵公司。最初，日本的煉鋼技術和設備都比歐美差了一截，鋼鐵產品缺乏在國際市場上的競爭能力。新日鐵大膽引進各國的煉鋼先進技術，走了一條「引進 - 消化 - 創新」之路，使日本的鋼鐵工業日新月異，經濟效益很快就趕上了歐美鋼鐵強國。

一九五七年，新日鐵公司引進奧地利的純氧轉爐技術專利時，日本鋼產量為一千萬噸左右，一九七〇年專利期滿時，轉爐鋼產量超過五千萬噸。該專利引進費用為一百二十萬美元，而使用這項專利獲利達六七十億美元。新日鐵對此並不滿足，博採眾家之長，千方百計引進先進技術為己所用，又陸續從德國引進煉鋼去氧技術，從美國引進帶鋼軋製技術，從瑞士引進連續鑄鋼技術，從法國引進高爐吹重油技術等等。新日鐵在引進各國煉鋼先進技術的同時，積極加以消化吸收，並力圖創新。一九七四年，成功開發出「新日鐵」式成形炭配合焦炭技術。這項技術的推廣使原來不能用作煉鐵的非黏性普通煤成為寶物，可用量達百分之二十，每噸粗鋼的能耗量低於歐美國家。

創新固然重要，但是應用更加現實。在科學技術發展日益高漲的今天，不斷引進、模仿、吸收、應用，已成為每一個國家保持先進或趕超先進的必經之路。沒有模仿，就無法創新；沒有創新，就會被歷史無情淘汰。

事實上，正是這種「模仿」而不失「改造」的獨特性格和智慧，使日本的一切，似乎都充滿神奇，富有魅力。從政治到經濟，從科學到文化，從被稱為「撒旦的傑作」到不可理喻的舉止，從別具一格的衣食住行到匪夷所思的宗教信仰，從明白無誤的禮儀規範到難以揣摸的心理傾向，從對外來文化的移花接木到傳統文化的固執保守……日本仿佛成了邁達斯國王的領地。日本商人正是藉此土壤具備了點石成金的本領。

3.「忍術」與「和術」

東西方文化存有巨大差異，日本人對忍耐情有獨鍾，同樣也有著深厚的歷史文化背景。

日本四面環海，幾乎絕大多數日本人都有過海邊垂釣的經歷。當今的日本商人，似乎也有許多脫胎於釣魚經驗的經營理念和成功法則。釣魚最講究沉得住氣，有耐心，要不然，魚尚未上鉤，你就拉動魚竿，只能徒勞無功浪費時間。

有這樣一個故事：一個美國商團趕赴日本，與日本企業貿易談判。講究時間效率的美國人，採取開門見山的方法，一上來就和對方實質性的交流，但日本人卻不買帳，繞來繞去就是不談正題，美國人對日本人的廢話連篇難以忍受，在日本人的微笑和沉默面前，不得不掃興而歸。

日本人奉忍耐之心為法寶。他們待人彬彬有禮，同時也是希望在有條不紊的態勢下，檢視自己可能的毛躁和疏漏，避免一些無謂的失誤。在他們看來，無論是在何種情況下，缺乏忍耐之心的急躁行為，都是不應該的，公開表示自己的不滿和急躁行為，不僅僅是失禮的表現，也暴露了自己的無能和弱勢。

其實日本商人忍耐的目的是想留一條後路給自己。有位西方商人抱怨說：「日本人很少給你確切的答覆，特別是時間方面的要求，日本人能給你的回答，只有『盡快』二字，卻從不給你具體的日期。」

西方人有很多都不理解日本的這種文化性格，他們大都憎惡日本人的這種做法，以為日本人辦事拖拉，不追求效率。

其實，這是一種錯誤。日本人的慢節奏，主要是在決策方面，在他們看來，越是匯集更多的情報和資訊，越能杜絕決策的錯誤。培養忍耐之心，就是為獲取更多決策資訊提供保證。而一旦完成了決策，日本人付諸實施的過程，又非常快捷有效，絕無半點含糊。

所以，與日本商人打交道，千萬不要百般催促，讓其立刻做出決定。正確的方式是在其提供有用資訊的同時，表現得比日本人還要沉得住氣，即便對方主動提出其他方面的要求時，也要把內心的竊喜好好掩藏起來。

所有人的忍耐性和意志力都是有限度的，就像洪水把堤壩沖出一個小口子，若得不到及時的補救，口子就會越來越大。對付日本商人，待其忍無可忍時，你只須再咬牙堅持一會兒，就會得到超乎想像的收穫。

日本人的忍性幾乎成了國性，他們把「忍」字和太陽旗並排放在一起膜拜的場面，對我們來說並不陌生，但日本人還有另外一種深入國民骨髓的精神，那就是「和」字。他們對這個漢字深刻涵義的理解，幾乎到了令我們汗顏的地步。

正所謂天時不如地利，地利不如人和。日本人真正的力量之源在於他們的團結與合作精神，也就是他們的「和」。日本人的祖先很早就意識到了「和」的重要，所以把他們的民族稱為「大和」。從此，這種團結合作的「大和」精神，便溶入了日本人的血液。

「和」首先是「和衷共濟」。要求每一個團隊成員對自己從屬的集體，絕對忠心，團隊所有成員的利益，都應服從於集體的利益。尤其是一九七〇年代以前，在艱難環境中獲取成功的日本著名企業，無不把此奉為至寶。

其次，「和」即是「和氣生財」。做生意賺錢，講究的是兩廂情願，對待自己的顧客，日本商家很是尊重，非常和氣、熱情，讓人舒服得難以拒絕。即便是團隊內部成員之間，相互謙讓，彼此尊重，也是最基本的要求之一。

日本人的「和」，還表現在另外兩個方面；一是政府與企業結成了親密無間的聯盟，以致在外國人眼裡，似乎整個日本就是一個協調運轉的大股份公司。二是企業與職工結成了休戚與共的命運共同體，二者的親密關係形成了獨特的「日本式經營」風格。它們對於日本經濟的崛起，有著不可估量的作用。

日本人強調統一感，公共部門和私人部門招收的新雇員在同一天開始工作，拿一樣的薪金，穿一樣的制服，每天都唱公司的歌曲和背誦公司的規定；辦公室沒有牆壁隔開，也沒有門，工作單位由十幾個人組成，兩排辦公桌靠在一起，工作人員面對面坐在一起，一頭是經理辦公桌，企業幾乎毫無例外根據一致的意見就某件事作出決定。他們贊成透過集思廣益、仔細斟酌後得出的一致結論，而不管這個過程需要多長時間。

日本商人不相信什麼少數服從多數的「原則」。在他們看來，以百分之五十一的票數否定百分之四十九的票數，並因此達到某種議項的作法，是一種壓制人的正常欲求、挫傷人的工作熱情的專斷行為。同時，日本商人十分注意讓員工排遣因欲求得不到滿足的激憤。

據說，有一家日本公司專門設有房間，讓員工在裡面砸東西洩憤。而就整個日本來說，這種洩憤莫過於「春鬥」，即每年春季職工為增長薪資而展開的全國規模的鬥爭。「春鬥」的特點是：短期罷工（一般只持續一天），大規模示威遊行，大量揮舞的旗幟和高亢嘹亮的歌聲。最後，鬥爭取得效果，薪資有所增長。其實，這種為爭取薪資而舉行的「春鬥」已成為一種形式，職工薪資的增長，並不是透過這種鬥爭而獲得。它的目的主要是讓員工產生一種「欲求」的滿足感。

當年馬自達公司在面臨破產倒閉時，該公司的工會曾號召工人們以最大的努力避免危機的發生。結果許多生產線上的工人紛紛去當推銷員，甚至為了節省燃料油，他們用手去推汽車。日本的工人有這種精神，主要就是因為他們懂得，他們和公司是一體的，沒有了公司，他們的欲求就難以得到滿足。這，反過來證明了老闆對他們的欲求的態度。

日本商人雖然也唯利是圖，但他們的唯利是圖沒有忽略一個前題，那就是以「和」為前提，必須將公司的每位員工當作家庭中的一員來看待，對他們的關懷絕不間斷，直到他們結束生命。

日本商人依靠團體精神取得了豐碩成果，而對想和他們做生意，想從他們口袋裡賺更多錢的人來說，尊重他們的團隊精神，和他們達成一團和氣，無疑是必須拾起的第一塊敲門磚。

4.「柔道」高手的「柔術」

日本人的柔道最大的特點就是突出以退為進、攻中帶守、守中有攻的陰柔特色，日本人在經商時也是善於使用以退為進，以小勝大，以柔克剛的戰略戰術，這種戰術如果運用得當，常會得到事倍功半的效果。所以在商業談判中，日本商人常常會採取這種策略，來化解對手以強力壓人的招數。

有一次，一家日本公司到美國去與一家公司貿易談判。談判一開始，美方代表滔滔不絕說個沒完，想迅速達成協議。而日方代表卻一言不發，只是揮筆疾書，把美方代表的發言全部記錄下來，第一次談判就這樣結束了，日方代表也回國了。

六個星期之後，日本公司又派了另一個部門的幾個人作為代表團來到了美國，進行第二輪談判。這批新到的日本人，仿佛根本不知道以前協商討論些什麼問題，談判只好從頭開始。美國代表照樣是口若懸河，滔滔不絕，日方代表又是一言不發，記下大量筆記又回去了。

又過六個星期之後，日本方面的第三個代表團又來到談判桌旁，他們的全部活動只不過是第二個代表團的故技重演，記下了大量筆記又走了。以後，第四個、第五個日本談判代表團都是如法炮製。

半年過去了，一年過去了，日本方面毫無反應，他們把美國公司弄得「丈二和尚摸不著頭腦」，只能抱怨日方代表沒有誠意。正當美國這家公司感到絕望時，日方公司的談判決定代表突然來到了美國。這一次，日本談判人員一反常態，在美方代表毫無心理準備的情況下，突然拍板表態，作出交易決策的方案，弄得美方措手不及，十分被動，損失不小。

像這樣的例子還有很多，以柔克剛是日本商人慣用的手段。

一九六一年，日本商人騰田和紐約的東京之最公司做了一筆買賣。東京之最公司訂購電晶體收音機三千台，電晶體唱機五百台。條件是收音機上注明「NOAM 牌」，裝船日期是次年二月五日，給藤田的佣金為百分之三。藤田有些猶豫，這是因為，一是佣金太少，平常是百分之五，而這次東京之最公司只給百分之三；二是時間太趕。但考慮到東京之最是一家大公司，日後可能有買賣可做，騰田就答應了，隨即向山田電氣公司訂了貨。

十二月三十日，東京之最公司開來了信用證，上面寫的品牌竟然是「YAECON 牌」。這個品牌正是山田電氣公司的產品，但山田電氣公司此時正生產的卻是東京之最公司當初要求的「NOAM 牌」。信用證和產品名稱不符，到時候肯定無法裝貨上船。

藤田三番五次打電話到東京之最公司要求修改信用證，東京之最公司卻未有答覆。山田電氣公司加班按期交貨。一月二十九日，東京之最公司發來一封電報，要求退貨。藤田一面交涉，要對方承接產品，一面尋找別的出路。然而東京之最公司就是置之不理。

藤田實在咽不下這口氣，決定大鬧總統府。藤田知道總統有六位祕書，一般信件很難呈到總統本人面前。要讓總統親眼目睹信件，信就要寫得十分有水準了。藤田花了三天時間寫好一封信寄給甘迺迪總統。信文如下：

美利堅合眾國總統甘迺迪閣下：

向世界自由和民主通商的保護者，及美國國民代表的您呈上此函，我感到萬分榮幸，為此深表謝意。

閣下是當今世界最具有影響力的政治家，是最先進的民主主義的化身，對因貴國公民在貴國看來是極為平常而對他國國民則完全是離經背道的野蠻行徑，使他國國民深受災難的事，您一定會加以干涉，並對處於困境的國民伸出您援助之手。為此，我特向閣下作如下請求：……像這樣在法律上明明白白屬於單方面不履行合約事件，當以法律追究，但訴訟費用，不由敝公司負擔。

總統閣下，倘若您覺察到某些細小摩擦的積累會轉化成兩國國民互相仇恨的情況，從而導致不幸的國際敵對的話，那麼，我請求閣下您能敦促東京之最公司，讓他們迅速解決此事。

總統閣下，我們深知您是超乎尋常的繁忙，但我請閣下耽擱一分鐘，撥一個電話，勸告馬林夢賓（東京之最公司經理），日本人並非牛馬般的動物，是有血肉之軀的人，請他帶著誠意來解決問題。

總統閣下，我不希望您花費太多的時間和鉅資，只請您迅速轉告您管轄的具有正義的政府部門。

總統閣下，曾有四千零五個年輕的日本人身負炸彈，與貴國的軍艦面對死亡決戰，這是一場惡夢，作為從這個惡夢中醒來的一員，我認為他們的死是一個慘痛的教訓。我們不應再讓歷史重演。因此，無論多麼細小的事件，只要它有可能導致國際間的互相仇恨，我們就應該用良知來解決。總統閣下，我請求您——第二次世界大戰的勇士，敦促本事件的早日解決。

騰田把信打了兩封，一封寄給甘迺迪總統，一封作副本交給美國駐日大使館，藤田深信總統能看到這封信。一月後，甘迺迪總統責成商務部長奉勸東京之最公司親自解決問題，否則取消出國旅行資格。對貿易商而言，這等於判死刑。事情終於以藤田勝利而告終。向美國總統告狀的第一個人是日本的藤田，藤田的名字更趨響亮，信譽也更高了。

同樣，日本和美國的汽車大戰中，日方以弱者出現，避免與美國正面交鋒，而暗地裡還是按照自己的方針行事，並利用適當時機，發展自己的力量，變被動為主動。一九八〇年，日本汽車首次突破一千萬輛大關，超過「汽車王國」美國的年產量，躍居世界第一位。對此，美方要求日本汽車自動限產。日方欣然承諾，付諸行動，但趁機把生產設備遷到肯塔基州、加利福尼亞州，使日本汽車在美國「出生」，以「美國車」的身分進入了美國市場。

近幾年來，美國政府以種種手段提高日本企業的生產成本，日本廠商克制、禮讓，但把投資悄悄轉向美、墨邊境，既利用墨西哥的廉價勞動力，又鑽了美國法令的漏洞 —— 該地產品返銷美國的徵稅頗為優惠。

當美方為「日本在敲美國市場的後門」而惱火時，日資又流向美國工廠少的中部和邊境地區。一九八〇年美、日貿易逆差一百二十二億美元，到一九八六年則上升為五百八十六億美元。

縱觀愈演愈烈的日、美貿易摩擦，日方表面上逆來順受，實際上是步步進逼。這就是名副其實的「以柔克剛」，日本商人是真正的「柔道」高手。

5. 在人性弱點上找突破口

每個人都有優點和弱點。有些人經商的失敗在很大程度上就是由於自身的弱點造成的，因為人性的弱點最易讓人迷失理性，所以商人要善於自我反省。但人性的弱點並非絕對不好，日本商人便經常利用人性的弱點，在看似不可思議之處開闢商機賺上一把。

有一次，日本的一家公司辦理某生產線的引進事宜。經過認真分析，貨比三家之後，該公司選擇了美國的 K 公司。但對方的代表在磋商價格時，十分傲慢，並且為了向日方施加壓力，以最後通牒的形式告訴日方，他已買好了後天回國的機票。在這種困難的情況下，這家公司請出了談判經驗豐富的長谷川先生。

第二輪談判又開始了。長谷川先發制人，拿起一份資料向美方代表揚了揚說：「這個專案有幾家外商感興趣，從報價看你們的價格太高了。」其實K公司的報價比其他兩家低百分之十，美方代表有些懷疑：「你說高，高多少？」長谷川問答說：「高百分之十三，比如說L公司的設備。」L公司設備是真的，而百分之十三則是虛的。

虛虛實實，長谷川始終神態自若，對方也就基本上相信了，說是降價幅度較大，需要與美國總部聯繫一下。長谷川又窮追不捨，他輕聲對身邊的人說：「美國的先生後天就要回去了，另外那家客商什麼時候到？」被問的職員機智回答：「美方走後的第三天。」這個情況又是虛構的。

由於美方代表偷聽到他們的內部交談，客觀上起到了以假亂真的作用。他本來想用後天回美國來施壓，而現在長谷川卻掌握了主動權。美方代表害怕生意會被別人搶去，所以接下來的幾天他拚命工作，抓緊與美國總部聯繫。就這樣，很快雙方簽妥了合約，價格也比較理想，對方讓價百分之十二。

眾所周知，日本是一個自然資源匱乏而經濟十分先進的國家。以鋼鐵和煤炭資源來說，其優質高品味的鐵礦和煤炭的蘊藏量都非常低，又因二戰前實行的經濟軍事化和戰後的以經濟成倍增長計畫為特點的經濟起飛，鐵礦和煤炭的礦藏已開採殆盡。

而正好相反，澳洲是一個幅員遼闊、自然資源豐富的大國。日本渴望購買澳洲的煤和鐵，在國際貿易中澳洲一方卻不愁找不到買主。按理說，日本人的談判地位低於澳洲，澳洲一方在談判桌上占據主動地位。可是，精明的日本人卻以大量訂購澳方煤、鐵並免費提供來回程機票為誘餌，將澳洲的談判者請到日本去談生意。

澳洲人到了日本，他們一般比較謹慎、講究禮儀，而不至於過分侵犯東道主的權益，因而日本方面和澳洲方面在談判桌上的相互地位發生了顯著的變化。澳洲人過慣了富裕的舒暢的生活，他們的談判代表到了日本之後不過幾天，就住不慣日本的木屋和榻榻米，吃不慣東方式的日本飯團和魚子醬，急切想回到故鄉別墅的游泳池、海濱和妻兒身旁去，所以在談判桌上常常表現出急燥的情緒，急於求成的心理。

作為東道主的日方談判代表卻不慌不忙討價還價，有時還故意停下來，介紹一下日本風情民俗，甚至陪對方出遊、出席舞會，以此更加劇澳方代表的急燥心理和回歸情緒，使日本談判代表掌握了談判主動權。結果，日本方面僅僅花費了少量款待和來回程機票作「誘餌」，就釣到了「大魚」，取得了大量談判桌上難以獲得的東西：他們以低於國際市場近一半的價格取得了澳方大量的煤鐵訂貨。

一般來說，重要的問題或難以解決的問題最好爭取在本公司談判，如果迫不得已親自到對方地點談判，談判人員也要做好相應的對策，如談判前充分休息和睡眠，預先訂好房間，帶全必須的資料和筆記型電腦等設備工具，得以保持談判者從容和舒適的工作狀態，以減少己方失去「場地優勢」帶來的不利影響。

貪圖小利也是人性的一大弱點，也可以對消費者的占小便宜心理加以利用。經營者在銷售商品的同時，「略施小利」，拋小餌釣大魚，小利對消費者來說是有很大吸引力的，經營者也能大獲其利。

一位初涉商海的日本生意人在市場上考察了很久，最終選定做銷售玻璃魚缸生意先練練手。他認為，現在許多人都喜歡養金魚，閒暇時修身養性，做魚缸生意，也許能讓自己掘得經商的「第一桶金」。於是，日本商人從廠家批了一千個魚缸，運到離家不遠的縣城去賣。

幾天過去了，他的魚缸才賣掉幾個，守著大堆做工精細造型精巧的魚缸，日本商人開始琢磨使魚缸暢銷的點子，整整一天，他的思維就像長了翅膀一樣，在腦海裡飛來飛去，捕捉能帶給他財運的商機。

一夜之間，日本商人的思維終於在一條妙計上定格。第二天，他去花鳥市場找到一家賣金魚的攤位，以較低的價格把五百條金魚全部買下，然後，他讓賣金魚的老人幫他把金魚運到城郊的一處大水塘裡，將五百條金魚全傾倒進清澈見底的水裡。老人很是吃驚，老人認為他在胡鬧，並且還怕他不給錢。見老人心存疑慮，日本商人立即從身上掏出錢一分不少付給了他。

時間不長，一條消息傳遍了水塘周圍居住的城郊居民，水塘裡發現了大批活潑漂亮的小金魚。人們爭先恐後湧到水塘邊打撈金魚，捕捉到小金魚的人，興高采烈跑到不遠處賣魚缸的攤位前，選購魚缸後高興捧著小金魚回了家。一些未捕到金魚的人們，唯恐魚缸賣完後買不到，他們不管日本商人把售價抬了又抬，紛紛湧到日本商人的攤位前搶購魚缸。僅半天時間，日本商人的魚缸就銷售一空。

數著到手的鈔票，日本商人竊喜：一千個魚缸，讓他賺了兩千多元。高興之餘日本商人想，如果不是自己利用人性愛占小便宜的弱點，買下那些金魚放在水塘裡，自己能賺到這麼些錢嗎？

每個人都有其弱點，洞悉人性，知其弱點而攻之，這是一種心理戰術，也是經商祕笈中的不二法門。

做生意如同兩軍對壘，既是攻堅戰，也是心理戰，一方面要穩定自己的心理，另一方面要找到突破口攻破對方的心理防線。高明的商人在與人談判的過程中，提供給對方的材料可以是真真假假，有真有假、亦是亦非，利用人性中的一些弱點去贏得對手的信任，可以削弱對方的判斷和決策能力，以實現自己的經營目的。

6. 略施小利，拋小餌釣大魚

日本人喜愛從中國傳統文化中尋求經營謀略。他們認為，《孫子兵法》中的「誘之以利」的「利」既可以是「兵」，也可以是牛羊、百姓、財物等。日本人在經營活動中重視智謀的運用，常常是用最小的代價謀取最大的利益。

日本企業經營的特色之一是勞資雙方都堅信「勞方與資方同舟共濟」。勞資利害關係一致的確很重要，但是，尤為重要的是公司要「盛情」對待職工使之深受感化，也可以說是「利而誘之」。

日本在對國外市場展開攻勢時，經常採用的方法是先提供便宜的進口產品給對手國家，然後將該國的企業從市場上排擠出去。由於過分便宜，所在國的廠家一般不能與之長期競爭，最後，它們不是被排擠出這一行業，就是忍痛放棄這塊市場，除此之外沒有別的路可走。這樣一來，日本就能使自己的產品充斥該國市場，隨後，價格徐徐上漲，恢復原來的價格，也就是能夠獲得利潤的價格。這也可說是「利而誘之」的具體寫照。

國際市場上有一種牌名為「萬事發」的日本香煙。據說其總銷量由默默無聞的微小數量已躍居世界第二位。能取得這樣的成績，就是在做了不少虧本生意後獲取的。事情是這樣的：開始，「萬事發」的老闆在世界主要國家的大城市物色代理商，然後透過代理商向當地一些著名醫生、律師、商人按月寄送兩條香煙，並聲明，對方如果認為不夠，還可以再滿足。同時，每隔幾天，代理商就會寄來表格，徵求對這種香煙的意見。等到對方對這種香煙上了癮，代理商便停止寄贈。於是，上癮者則非掏腰包買這種香煙不可了。可見，「萬事發」的成功，就在於捨得小代價換取大利潤，以此攻占市場。

這種最初堅持低利、無利甚至虧本經營現象，在日本電子行業也特別明顯。松下、日立、三洋、夏普、富士通等電子企業，大都以銷售額和市場占有率而不是以短期的資本、收益和利潤的增長為主要目標。

先以低價占領市場，站住了腳再提高價格，這是日本人的柔性擴張戰略。這種柔性戰略貫穿於日本企業行銷全過程。日本人善於根據滲透市場程度的差異，採取迥然不同的行銷戰略，恰到好處配置各種行銷要素。

日本企業剛剛滲入國際市場時，面對強大的競爭對手，在訂價策略上，日本人採用低起始價的進攻性定價戰略。在銷售管道上，他們嚴格挑選代理商、零售商，給以厚利，讓其代銷產品。一九五〇年代，當歐美汽車廠商選擇了豪華、高檔的發展方向時，日本汽車製造商為打進美國市場，卻大量生產省油、噪音小、汙染小的汽車，並採取了低起始價的進攻性定價戰略；在市場方面，把重點放在洛杉磯、舊金山、波特蘭、西雅圖四大城市，並且針對目標市場大做廣告，最終取得了成功。

日本企業一旦在新市場上站住了腳，就轉而採取擴張戰略。他們透過延伸產品系列、改進產品和擴大產品組合來拓寬產品市場，適應不同顧客的需要。在定價戰略上，為能吸引更多的新客戶，日本人制訂的價格仍然遠低於競爭對手；也有少數已在顧客中樹立了良好信譽的企業為了獲益，也開始提高產品價格。

小與大這一對最簡單的矛盾裡包含著最複雜的辯證法。有的人視小為大，有的人視大為小，而小與大之間又常可以互相轉化。做人若能悟得小大之中的真味，也就能在商圈裡立地成佛了。李嘉誠曾說過：「有時你看似是一件很吃虧的事，往往會變成非常有利的事。」

先予人以利，爾後自己得利，以及兼顧同行之間的利益，這是日本商人的上乘表現，也是先付出後得回報的一種智慧。人世間的事情，有了付出就有回報。付出越多得到的回報越大，不願會出，只想別人給予自己，那麼「得到」的源泉終將枯竭。

7. 明察善斷，進退自如

面臨多變的時代，商人需要對變化保持警覺而且有效駕馭。能夠依據外部環境的變化，特別是市場和競爭對手的變化而相機應變調整自己的戰略戰術，知道及時抽身之道，這才是高明的商人。

「日產」和「豐田」是日本汽車製造商中曾經競爭多年的對手。「豐田」憑藉其強大的銷售網和靈活高效的批量生產體系，曾一度使「日產」倍受壓力，大有被擠垮的危險。就在山窮水盡疑無路之際，一九八七年日本第二大廣告公司博報堂提出了「分眾時代」的名言。博報堂認為，日本的消費潮流已從單一的、大批量的大眾式消費轉變為多樣化、個性化的「分眾」式消費，根據某一消費層次和年齡層次設計的商品今後在市場上將唱主角。

正是博報堂這一觀「潮」結論，使得「日產」茅塞頓開。看來，與其繼續與「豐田」硬拚產量和銷售量，不如順應潮流，另謀出路，改為有針對性生產「分眾」式商品。為此「日產」制定了新的競爭戰略，加強科研開發力量，重新進行設備投資，建立靈活的小批量生產體制。

松下幸之助說得好：「武功高強的人，往回抽槍的動作比出槍時還要快。與此同理，無論是經營，還是做其他事情，真正能做到不失時機退卻者，才堪稱精於此道。」由於松下幸之助是一個懂得進退的人，所以才有松下公司的發展壯大。

松下幸之助的抽身之道源自山科的「撤退」哲學。山科是萬代公司的會長，跟松下幸之助很熟，他的「撤退」哲學，以及萬代公司的商業經驗「為了成功，撤退也有必要」，松下幸之助對之知之甚詳。松下幸之助十分同意山科的「撤退」哲學，他自己的經營史上，就有過數次的撤退。

二戰以後不久，松下接手了一家瀕臨倒閉的縫紉機公司。起初，他覺得有辦法起死回生，但由於不擅長此方面的業務，而且競爭對手林立，自感無法抗衡，便立即退了出來。當然，費了一番功夫以後退出來，財力、物力、人力都會有些損失，但總比繼續毫無希望撐下去來得划算。

松下的「撤退」，最為驚天動地的要算從大型電腦領域的撤退。那是一九六四年的事情。此前，松下已經在大型電腦的製造方面投注了十幾億日元的資金，並且已經研製出了樣機，達到了實用化的程度。可是，松下卻遽然從這一領域裡退了出來。當時的情形是，小小的日本，有包括松下的七家公司在從事大型電腦的科研開發，而市場卻遠不那麼樂觀。繼續下去，勢必形成惡性競爭的局面。與其惡性競爭而兩敗俱傷，還是毅然決然早些退出來為好。後來的事實證明，松下的這步棋走得很是正確。直至今天，家用、小型電腦長足發展了，唯獨大型電腦卻比較冷清。

一九二五年，松下幸之助到東京辦事處巡視時，發現裝置在收音機裡的電子管非常暢銷。松下希望盡快能在大阪發售這種裝置的收音機。因此，當場就指令和電子管製造廠交涉。結果發現那家工廠規模很小，資金也不雄厚，生產根本趕不上訂貨，就當場先付出價款三千日元購買一千個。

回到大阪，松下就和電子管的批發商接觸，當時因為來貨很少，大家都急著趕快訂貨。這種情形大概持續了五六個月，而松下電器也因此多了一萬多日元的收益，這在當時已是一筆不小的款子。

後來製造電子管的廠家慢慢多了起來，各種廠牌漸漸出現，價格自然也逐漸便宜。松下意識到，照這樣下去，松下電器可能增加的利潤必然會很有限，雖說目前還能保持一定的利潤和銷路，但情況已經有所變化，和前一陣子已經大不相同。因此，先見之明是很重要的，重點在於如何掌握演變的趨勢。做生意不能不注意情況的變化，必須要有應變的手段，這就是讓松下萌生撒手念頭的理由。況且已經賺取一萬多日元的利潤，也應該是收手的時候了，再貪心就不大好。松下於是就從這個還沒有創造可觀利益的電子管販賣事業上撤資了。

過了四五個月之後，收音機配件的售價急轉而下，使目前獲利還不錯的工廠和販賣店一起陷入困境。松下電器因為收手得快，因此並沒有受到任何損失。

由此可以看出，凡事都必須適可而止，否則反受其害。物極必反，還有的人可能掉進陷阱或見別人掉進陷阱多了，便看見前面的路處處都是陷阱。是進是退，關鍵在於分析大局，把握時機。

商諺說：舊鞋子沒破該扔就得扔，老生意好做該變也得變。急流勇退是一種大智慧，因為「花無常好，月無常圓」，所以「得些好處須回首」。一個良好的撤退，也應該和偉大的勝利同樣受到尊敬。此外，撤退出舊行業而轉入新行業也有諸多成功事例。

其實，所謂觀「潮」，就是審時度勢，與時俱進。經營者要能夠認清形勢，適應形勢，及時調整自己的發展戰略。隨波逐流，順風轉舵，多因其有貶義色彩而被人們抱有成見。其實，順著情勢改變自己的態度和立場，明察善斷，做商海的觀潮者才是商業高手一貫的做法。當然，順勢而為要有非凡的眼力，才能因勢應變，游刃有餘。

8. 商機來自資訊

商場如同戰場，情報歷來是兵家、商家慣用的武器。掀開現代社會溫情脈脈的面紗，商業競爭的爾虞我詐，血雨腥風，一點都不比戰火硝煙的野蠻戰場遜色。

一位日本商人曾向人們公開過一個祕密：當他一貧如洗的時候，是一份外國雜誌改變了他的人生。在長達二十年的時間裡，他對那份雜誌裡那些閃光的科學思想加以選擇、整理，然後出售給廠家。當一絲絲新穎的科技思想不斷化為現實產品時，他也奇蹟般成了億萬富翁。

在歐美人的眼裡，日本市場外面似乎有一道萬里長城，防守嚴密，水潑不進。但有一個市場卻例外，它對任何一個國家的產品都是敞開自己的大門，這裡沒有艱難的討價還價，沒有嚴密的關稅壁壘，各國商品自由進出，各領風騷，簡直就像一個碩大的國際櫥窗。這就是全世界的先進科學技術。

曾經有一個相當形象的比喻：日本的情報量之大在這片狹窄的國土上已經容納不下了，情報將會流出海岸線，大量注入到太平洋之中。不可否認，日本商人的情報資訊意識很強，並在開展資訊競爭中處於有利地位。

現在經營者都極為重視資訊，千方百計收集商業情報，以做到領先別人，知己知彼，百戰不殆。有很多原來一文不名的小人物，就是先人一步利用資訊而成為富翁的。

十幾年前，古川還只是一家日本公司的小職員，平時的工作是為上司做一些文書工作。跑跑腿，整理整理報刊材料。工作很辛苦，薪水也不高，他總琢磨著想個辦法賺大錢。

有一天，他在報紙上看到這樣一條介紹美國商店情況的專題報導，其中有一段提到了自動售貨機，於是古川開始在自動售貨機上面動腦筋，他想：日本現在還沒有一家公司經營這個項目，將來也必然邁入一個自動售貨的時代。這項生意對於沒有什麼本錢的人最合適。我何不趁此機會走到別人前面，經營這項新行業。

於是，他就向朋友和親戚借錢購買自動售貨機。他籌到了三十萬日元，這一筆錢對於一個小職員來說不是一個小數目。他一共購買了二十台售貨機，分別將它們設置在酒吧、劇院、車站等一些公共場所，把一些日用百貨、飲料、酒類報刊雜誌等放入自動售貨機中，開始了他的事業。

古川的這一舉措果然給他帶來了大量的財富。人們第一次見到公共場所的自動售貨機，感到很新鮮，只需往裡投入硬幣售貨機就會自動打開，送出你需要的東西。通常一台售貨機只放入一種商品，顧客可按需要從不同的售貨機裡買到不同的商品，非常方便。

古川的自動售貨機第一個月就為他賺到了一百萬日元。他再把每個月賺到的錢投資於售貨機上，擴大經營的規模。五個月後，古川不僅還清了所有借款，還淨賺了兩千萬日元。

一些人看這一行很賺錢，也都躍躍欲試。古川看在眼裡，認為必須馬上製造自動售貨機。他自己投資成立工廠，研究製造「迷你型自動售貨機」。這項產品外觀特別嬌小可愛，上市後，反應極佳，古川又因製造自動售貨機大發了一筆。

在古川致富的事例中，他從起步到成功，時間跨度相當的短。真可謂一步登天，而他的祕密法寶卻很簡單，那便是「資訊」。掌握了資訊就掌握了商機，快速抓住商機才是上策。

美國中央情報局一九九三年曾在一份調研報告中指出：「日本官方每年根據各種需要派出專門從事情報收集的間諜約有近萬人次，各大企業、公司和九大商社派駐海外的一千多個辦事處的一項重要使命就是收集經濟與技術情報」。這些人以「教授」、「學生」、「職員」、「旅遊者」、「攝影家」、「記者」、「投資商」等身分出現在世界各地，他們手拿相機，溫文爾雅，謙恭有禮，他們虛懷若谷，好學無比，見什麼拍什麼，經常連一張報紙、一本雜誌、一幅廣告也要研究個透。日本企業正是從此類無孔不入的情報竊取活動中，獲得了商戰制勝的武器。

情報是企業的耳目，資訊是發展的前提。日本著名企業的發展史告訴我們，企業任何時候都不能忽略對資訊情報的收集和研究，缺少了資訊、情報的基礎，市場就會變得難以捉摸，管理就會變成盲人瞎馬，反之，則可掌握企業發展的主動權。

當今世界企業競爭的實質是情報資訊的競爭，誰的資訊靈、把握準、行動快，誰就可能在經濟技術與市場競爭中獲得優勢，取得勝利。在日本企業界有這樣一個共識：「在激烈的國際、國內市場競爭環境中，爭分奪秒獲得可靠的資訊是決定公司、企業以至整個國家上下沉浮的關鍵所在。」

9. 不被看好的冷門生意

一般情況下，人們總是慣用常規思維方式看問題，難以做新的探索和嘗試，如果打破常規，擺脫束縛思維的固有模式，許多事情往往能起到意外的效果。比如，如果大家都不看好的生意，你就要考慮它能夠賺錢；如果大家都看好，你就要想到它會賠錢。這就是在眾行之中求反行的經營策略。

日本人有一種獨上高樓的經營模式，其本質上就是另闢蹊徑，做「冷門」生意。在日趨激烈的市場競爭中，不少企業總是跟著熱門產品轉，哪種產品好銷，就跟著做哪種產品的生意。其實，這種做法不是上策，你爭我奪的結果，必然是大打價格戰，甚至使企業元氣大傷。一些高明的企業家和經營者，往往獨闢蹊徑，做「冷門」文章，尤其是在熱門之中爆冷門，把大眾化的生意做成「獨家生意」。

日本人渡邊正雄曾經做過很多小生意，但有時賺，有時虧，根本就沒什麼值得一提的成就。待他五十歲時，他覺得不動產這一行很賺錢，就決定改行，但他對不動產業是外行。一個人從事自己一竅不通的行業是不行的，起碼也該有些常識和經驗。於是，渡邊打算一邊打工一邊取經。

當渡邊決定主意之後，他去見了「大藏不動產公司」的董事長，請求雇用他。起初，董事長見他是個生手，年紀又不小了，沒有培養的價值，便冷冰冰拒絕了。渡邊感到很失望，不得不退而求其次，央求道：「我不要薪金，請讓我免費為貴公司服務，可以嗎？」董事長想不出拒絕的理由，好在是個不必付薪水的，就把渡邊留了下來。

一年後，渡邊覺得自己學到的東西差不多了，就離開了大藏公司，在東京新宿區買下了一間面積四十多平方公尺的平房，開設了一家很小的不動產公司──「大都不動產公司」。

有一天，有人來向渡邊推銷土地，說拿須有一塊幾百萬平方米的高原，價錢非常便宜，一平方公尺只賣六十多日元。這是一塊山間的土地，很多從事不動產業者都知道這片土地，但沒有一個人對它感興趣，表示有興趣的只有渡邊一人。

當時那是個人跡罕至的地方，沒有道路，也沒有水電等公共設施，其價值幾乎等於零。但渡邊為何對這片土地感興趣呢？後來，他向世人道出了自己當初的想法：「雖然是一片廣闊無邊的高原，但跟天皇御用地鄰接，這會令人感覺到置身在與帝王一樣的環境裡，可以提高身分，能滿足一部分人的自尊心和虛榮心。再說，在這個擁擠的時代，將高原改造成住地的時間一定為期不遠。這時候把它買下來，動些腦筋，好好宣傳，一定大有賺頭。」

不久，渡邊不顧一切拿出全部財產當賭注，又大量舉債，把數百萬平方公尺的土地訂了下來。當他訂約後，不動產業者們都嘲笑他是一個大傻瓜，說：「只有傻瓜才會買那樣一片一文不值的山間土地」。

面對別人的嘲笑，渡邊毫不理會。付完定金後，他就開始了預定的行動。他把土地細分為道路、公園、農園、建築用地，又與建築公司合作，準備先蓋兩百戶別墅和大型出租民房。一切準備妥當後，他就開始出賣分段劃分的農園用土地和別墅地，以償還未付的土地款。

由於遠離都市的喧囂，空氣清新，景色優美，對那些厭惡都市噪音和汙染的人極具吸引力。為了向世人推薦這片土地，渡邊展開了大張旗鼓的宣傳攻勢。如此，渡邊的宣傳果然大有收穫，東京以及其他都市的人都對此產生了極大興趣，紛紛前來訂購。有的人訂購別墅，有的人訂購一塊果園或菜地。因為不訂購別墅也有出租民房可住，因此訂購農園、菜地的人多得驚人。

結果，不到一年，渡邊就把土地賣出了五分之四，一眨眼就淨賺五十多億日元。不僅如此，剩下的土地最少也值他當初所付出土地款的三倍之多，而且價格還在不斷上漲。

多數人不去做的事情，並不等於不能賺錢。如果能像渡邊這樣比別人看得更深一層，就能賺取更多的財富。當然，這需要動腦筋，能夠透過表像看到裡面隱藏的財富，更是高明商人的必備素養。

做生意不能隨大流，否則難以賺到大錢。有句格言說：「假如所有的人都向同一個方向行走，這個世界必將覆滅。」一九八五年秋天的時候，呼拉圈突然風靡全球，幾乎人手一個。製造呼拉圈並不需要什麼技術，也不要多大資本，於是許多人爭相投資，當時確實銷路很好，一進貨就賣光，供不應求，許多人因此賺了一筆。然而不久，來也匆匆，去也匆匆，突然間不流行了。許多廠商不知道，還拚命製造，結果退貨如山，又紛紛倒閉了。這都是不知隨時勢應變盲目跟風的惡果，商界中人值得引以為訓。

目前，有些企業感到生意難做，埋怨市場難找，原因固然很多，但關鍵因素是他們在了解市場、研究市場和創造市場方面做得不夠。客觀上講，市場上總存在需求，機會處處有，關鍵在於經營者能否找到自己可以涉足的「空白地帶」，迅速搶占一席之地。

因此，經營者要處處留心身邊的新鮮事物，敏銳觀察，把握消費者需求的發展趨向。尤其要善於在自己的市場範圍內，挖掘那些經常被同行忽視的盲點和消費者潛在的需求，同時還要研究市場中有哪些未被競爭對手留意和占領的「空隙」，然後迅速填補「空隙」。

當年，日本一家公司的經理安藤百福，在回家的路上看到許多人擠在飯鋪等吃熱麵條的情景，馬上想到如果研製一種開水沖泡的麵條，肯定受歡迎。很快，泡麵問世了。

面對日益激烈的市場競爭，經營者更需要具備這樣的眼光，正視熱點，找到盲點，發掘「冷門」，才能開拓廣闊的生存發展空間。常規的思維方式有時往往不能得到更多的收穫，打破常規，擺脫被束縛的思維模式，經常能收到意外的成效。

10. 與日本商人的打交道的智慧

日本是東亞國家，受儒家文化的影響很深。但同時由於和西方密切的關係和往來，西方化的程度也日漸加深。然而日本還是有自己的獨特文化，基本上保持了自己的傳統。在這種獨特文化背景下，產生了日本獨特的商業習慣。

日本商人特別愛面子，禁忌講究也很多，交往時，更應慎之又慎。

剛一見面，此前提及的問候和謙恭語言是必不可少的，即使是在你剛進屋與人握手時，也不要用力握，要表現出日本式的優雅。鞠躬的禮數不僅不能偏廢，還應加倍注意，交換名片也應按照前面介紹過的方法。另外，衣冠不整、不修邊幅，在日本人看來，是缺乏誠意的表現，哪怕是些細微的小節，也不容閃失。

相處過程中，我們應該知道，日本人愛好喝茶，不喜歡抽菸。因此，我們可以請對方喝茶，不能向對方敬菸。如果有意宴請對方，不能只請團體中的某個人或漏掉某個人，這在注重團隊的日本商人眼裡。幾乎是不可原諒的。但另一方面，如果宴請是與工作有關，又無事先約定，通常都不宜邀請對方的夫人。

禮尚往來，是東方人樂於接受的交往方式，如果有精美的禮品送給日本商人，他們通常會很高興。同時，也要注意，如果不是見者有份，不宜在公開場合送禮。送出的禮物應該有代表意義，但絕不能價值昂貴，以免有行賄之嫌，禮物要事先包裝好，但包裝紙切忌是黃色或白色。

如果你已準備好和要接洽的日本公司談條件，你一定要設法透過中間人去辦。不要自己直接找到那個公司。日本人對直截了當、硬性推銷的做法感到不自在。所以，要想排除最初的障礙，就去找一位你和日本公司都熟悉和尊敬的第三者，讓他來辦會更有用。而這個第三者要對你的公司，你的產品或服務及你所需進付的交易瞭若指掌；要和將與之打交道的日方代表地位相同。

一旦你發出了邀請，你就坐下來耐心等待，讓日本人有充裕的時間對你的「試探」做出反應。你最好的辦法是給他這樣一個好印象，即你時間非常寬裕。因為急躁和沒有耐心在日本人看來是軟弱的表現。在你等待期間，日本人會透過自己的資訊網來了解你是什麼人。

口頭上的許諾對日本人來說和書面許諾一樣神聖。對於日本商人的貿易方式來說，合約是個外來事物。日本人並不喜歡合約，他們傾向於這種看法，即如果對方沒有私人信用、不正直可靠，那僅有一紙空文是無濟於事的。所以，你要說的話你自己要極為小心。如果你給人一個好印象，好像你是為某事起誓，那麼日本人會記住這點，而且過後還會提醒你說過這樣的話。

洽談時不帶附屬材料或者輕視附屬材料的作用，是和日本

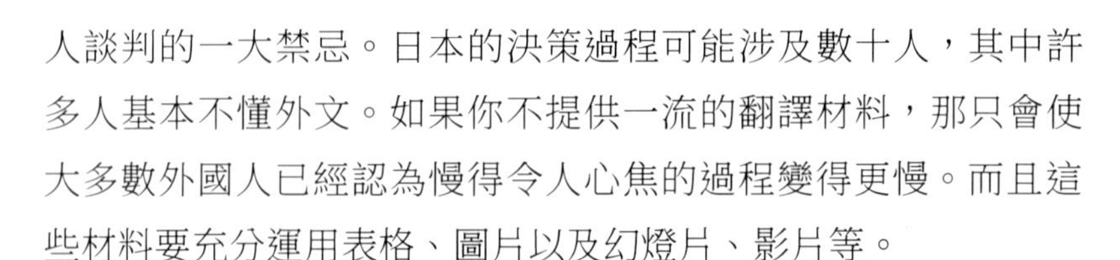
人談判的一大禁忌。日本的決策過程可能涉及數十人，其中許多人基本不懂外文。如果你不提供一流的翻譯材料，那只會使大多數外國人已經認為慢得令人心焦的過程變得更慢。而且這些材料要充分運用表格、圖片以及幻燈片、影片等。

與日本人談話時不要太衝動，切忌過分咄咄逼人。日本人多依靠對感情和心情解釋的基礎上建立論點。他們重視人勝於重視公司的形象。他們期望你作為一個人發表看法，而不光是冷冰冰擺事實。如果論證的思想帶有一個人試圖迫使別人接受自己看法的味道，這與日本的國情是格格不人的。試圖用強調的辦法來影響別人的做法不符合日本人的習慣。因此，如果日本人感到你講話太咄咄逼人，他們就不會給你你想要的東西。

雙方談判時候，日本人強烈感到雙方中首先做出單方面讓步的一定是弱者。他們會將你在諸如價格或送貨方式上的讓步看做是你更有求於他們。對他們來說，另外唯一的一種解釋便是你這麼早就輕易做出讓步是因為你沒有誠意或言行不一致。這兩種情況會使日本人不同你做生意。所以，最好是把事情安排好，使雙方同時第一步讓步，你要等待或促使它發生在一個適當的時刻，你不必擔心日本人會認為你毫不妥協或固執己見。正相反，他們會覺得你在策略上是一致的，而且還會因此更加尊重你。

在眾多的工業化國家中，沒有哪一個像日本一樣存在著那樣多獨特的東西。這些東西在你不注意的時候，就成為你生意上的障礙。傳統和現實有時是相互矛盾的，我們吸納日本商人的性格特質，目的是方便於大家從總體上去認識把握，至於其中的變化，還要靠每個人去體會和領悟。只要牢記商務往來的最終目的，是贏取親密的合作和最豐厚的利潤，只要牢記真誠和相互尊重的處事準則，即便偶有誤會，也能設法化解和彌補。反之，捨本而逐末，只能自縛手足。因此，和日本交往或者談判的時候，你千萬要小心謹慎。

第四章

俄羅斯商道：大國的大手腕並非虛傳

俄羅斯是世界上版圖最大的國家，地跨歐亞大陸。俄羅斯當年曾是風光無限的「北極熊」，敢與美國一爭高低，可見其綜合實力。儘管近年來俄羅斯在政治上和經濟上遭受了嚴重打擊，似乎已漸漸褪去往日大國的神采，但是瘦死的駱駝比馬大，俄羅斯的大國生意經還是值得我們研究和借鑑的。

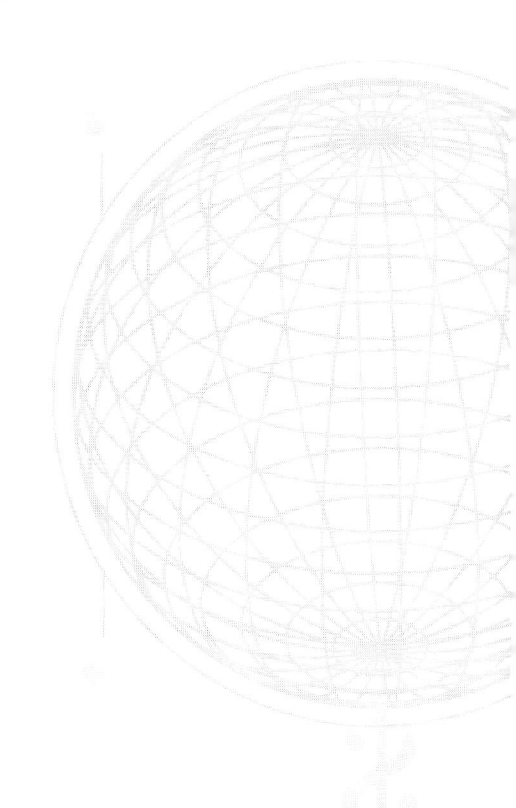

1.「一半是野人、一半是聖人」

作為世界上版圖最大的國家，俄羅斯曾輝煌過，也曾經衰落過。當古埃及人、古巴比倫人以及中國人和希臘羅馬人的祖先在創造著他們的文明和幸福的時候，俄羅斯人的祖先——斯拉夫人，還難以從我們現在已發現的考古文物與原始文獻中找到其存在的證據。一直到了大約西元一世紀，俄羅斯人的祖先——東斯拉夫人才開始建立俄羅斯歷史上的第一個國家——基輔羅斯。

這個偉大民族的最初宿命是命運多舛的。它不僅經受了東歐平原上狂風暴雪的肆虐，而且還不斷受到外敵的入侵，最終被成吉思汗的孫子拔都滅掉了。

然而，曾幾何時，這個後起的弱小民族，在經歷了艱難抗爭與漫長征服後，竟然建立起世界上幅員最為遼闊的國家，並且在二十世紀很長時間裡扮演了超級大國的角色。自它誕生以後，幾乎沒有國家能夠征服它。在興衰沉浮之間，幸運之神似乎總給俄羅斯民族特別的青睞。它也有過短暫的沉淪，但它從每一次沉淪中，似乎總能獲得一種鳳凰涅槃式的再生。

俄羅斯民族的歷史有如斯芬克斯之謎一樣，極簡單，又極神祕。

因此，俄羅斯民族不僅僅使他們的外表披掛上一層冷漠的外衣，同時也使他們的內心軟化為一個不可救藥的浪漫民族。在私下，在得到信任的圈子裡，他們是世界上最熱情、快活、多愁善感、好客的民族之一。性情的兩重性，使俄羅斯人既是長期忍辱負重的苦行者，又是浪漫主義的自我放縱者，既冷酷無情，又體貼備至，正如杜斯妥也夫斯基所說的「一半是野人、一半是聖人」。

性格外露、無拘無束的俄羅斯人，無論處在何種環境裡，他們都不會掩飾內心的真實情感，高興的時候就喜形於色，悲傷的時候也會放聲大哭。甚至一會兒笑，一會兒哭，在俄羅斯人的身上，也是屢見不鮮的。

他們總是把最矛盾的感情結合起來，敢哭敢笑，無拘無束。他們善於從麻木迅速變為行動，從溫良迅速變為狂怒，從屈從火速變為抗拒。有人甚至指出，在俄羅斯人的胸膛裡，同時生活著天使和惡魔。諸多被公認為相互矛盾、水火不容的特質，同時存在於他們身上，溫柔與粗野、服從與非難、狂喜和悲哀，同時存在於俄羅斯人的血液裡，既相互矛盾，又和諧統一。

對於一個俄羅斯人來說，一場真正的災難、一個笑話、一種姿態、一個小孩的出現，一種個人的喜好，就可以使他們滔滔不絕暢談起來，他們性格開朗，這時，如果他覺得對方可作為自己的知心人，那麼，兩人更是無話不談了。這種親密無間和休戚相關的感情，也能施加在一個初次相識的人身上，如果再加上一點伏特加酒，那麼友誼之流將在此時暢通無阻。

俄國人性格中的這種率直，是驚人的開放，這使他們比複雜的法國人或拘謹的英國人更像他們自己。為此，俄國人把這叫做胸襟坦蕩，並且一直為之自豪。

俄羅斯人是不拘自我和容易變幻的矛盾人，他們常常在「真我」的時空裡自由馳騁。自古以來，人們所常常描寫的，著名的，但也聲名狼藉的「開闊的心胸」，被算作俄國人最突出的特性之一，而俄國人的這種「開闊的心胸」，往往能夠使它們一家從轉到酷署，從南極移到北極。

在俄羅斯人自己看來，並不足以構成衝突。因為這些矛盾性格都不是裝出來的，都是率性而為，在俄羅斯人浪漫主義的心靈裡容不下虛偽。即使一個狡獪的商人，開始談判時他或許一門心思只在盤算如何從你身上撈取最大的利潤，為此錙銖必較在價錢上拉鋸，但倘使談到他感興趣的話題，他就會忘掉你是生意上的敵手，熱切討論起來，把你當成親密的夥伴。一樁你原本以為不能達成妥協的談判也許就在這時出現了轉機。他們矛盾而又統一的個性有時真讓人哭笑不得。

一天晚上，在莫斯科藝術劇院裡，一群俄國觀眾被一齣傷感的戲劇感動得流淚，周圍的婦女感動得直擦眼淚，甚至連鼓掌的時間都沒有了。但過了一兩分鐘散場後，在衣帽間裡，這些婦人爭先恐後，窮凶極惡你推我撞，觀劇所得到感動早已忘得一乾二淨。

俄羅斯人既能多愁善感，又能冷酷無情。在歷史上，伊凡四世在盛怒之下殺了自己的兒子，然後又懊喪不已跪下來懺悔；他一會兒劫掠寺院，一會兒又捐獻鉅款修繕。反覆無常，喜怒不定。

這種民族特性至今在俄羅斯人身上也沒有消失。或許，這種性格是由俄國的氣候和歷史千錘百鍊出來的。它作為一個民族的特性，實際上是不拘性情，注重「真我」的體現。這種矛盾的複雜性在俄羅斯商人身上同樣更是表現無遺。

俄羅斯商人既是長期忍飢挨餓的節儉者，又是自我放縱的享樂主義者。他們既華而不實，但又樸實無華；既是禁欲主義者，又是浪漫主義者。在商場上，他們時而放聲縱笑，時而怒氣衝衝，喜怒無常；時而最守合約，時而把合約視為廢紙；時而主動攬生意，時而到手的買賣也不做。表現出極大的隨意性。

2.「北極熊」的大國心態

大國的商人自然而然就普遍具有大國的心態，這種心態在俄羅斯因襲已久，一時難以拋捨。自古以來，俄羅斯人就有一種天不怕，地不怕，君臨天下，睥睨一切的氣概，他們被人稱為「北極熊」。俄羅斯人普遍身軀高大，令人生畏，表面上是很笨重，可腦袋卻很好使，對人虎視眈眈。在他們的眼睛裡，一些小國、弱國根本沒有什麼位置和分量。

俄羅斯人從來不懂得什麼叫「怕」。他們在與人相處時，高傲無禮、自視清高。俗話說，口袋裡有錢底氣也就硬。俄羅斯人雖然並非腰纏萬貫的有錢人，但肚子裡有足夠的貨色，完全有力量與你一比高低。一直來，他們敢於和一切強國一決雌雄。

如果問他們憑的是什麼，他就會告訴你，憑的是他的身軀、礦藏和軍事力量。

俄羅斯人，幾乎只追求「高」，追求「大」，無論什麼東西，只要「高大」就行。這是他們大國心態的一種表現之一。在他們眼中，只要雄壯偉岸，不好的東西也是美的，仿佛這樣就能使他們真正排名世界第一。他們執著追求規模、氣勢，俄羅斯人和別人不比精度、技術，只在規模、造型與格局上抖抖威風，向世人們誇耀一下他們偉大。他們這樣的心理狀態是傳統大帝國遺風在他們身上的表現。

崇尚「高大」，是俄羅斯人泱泱帝國自豪感的一種表現和宣洩。建築物的偉岸高大，對於俄羅斯人來說，就預示著地位之高，身分之貴，力量之大，象徵著俄羅斯和俄羅斯人的偉大，展現著他們稱霸亞歐、稱霸世界的歷史。

在俄羅斯更為有趣的是不單建築體現出雄壯的風格，俄羅斯生產的電冰箱，洗衣機較之別國的同類產品骨架也很大，且顯得笨重有餘，輕巧不足。而且連軍事裝備、一些機構、事業單位都是大得驚人。

在軍事上，俄羅斯人有能力與強國打消耗戰，在他們眼中，只要他們拔一根毫毛也就能粗過別人的腰，還有什麼好怕的？俄羅斯經濟雖然不夠先進，但由於它的領土疆域、自然寶藏、軍事實力、人口數量等多種有利因素，他們時時懷著狼子野心，意欲「中原」逐鹿，執世界之牛耳。

像日、英、法等國先天不足，特別是日本，領土面積狹小，資源貧乏，雖然經濟上令人羨慕，可是中氣不足。而俄羅斯人則不同，他們既有狂妄自大的野心，又具有稱霸世界的潛力，他們完全可能再度稱雄。這種自信，這種實力，這種野心早已浸滲於許多俄羅斯人身上，體現在俄羅斯商人身上也是「北極熊」那種傲慢無禮，粗暴強橫，不可一世的風格。

俄羅斯民族的「大國意識」是那麼的強烈。國內的困境，國外的屈辱，曾使俄羅斯人的自尊心受到了傷害，內心裡充滿痛苦與難堪，然而，追求優越感、重視歷史輝煌的本能卻使他們內心中潛伏的民族主義意識燃燒起來。這是一種難以阻擋的巨大力量，它以意願、意志、理想、情感的形式表現出來，匯集成一股滾滾洪流，衝擊著政府。在由最初的「西方化」向「本土化」回歸過程中，在民族主義浪潮的衝擊下，政府發布命令，從一九九年一月一日起，禁止在所有交易中使用美元，同時還下令用俄文重新書寫看板上用英文書寫的內容。俄羅斯人民族尊嚴與自豪感的心態，由此可見一斑。

俄羅斯商人「大國心態」的形成主要因為國內的困境，國外的屈辱，曾使俄羅斯人的民族自尊心受到了傷害。因此我們在經商時，要時刻維護自己的民族自尊心，這樣才不會對自己一方有所影響。

3.「強盜資本家」

前蘇聯解體後，俄羅斯實行了經濟「改革」，放開物價，實行私有化和市場經濟。此後有許多俄羅斯青年奔赴英國、美國和法國的著名大學或專門商業學校去充電，之後他們憑藉著一口流利的外語，在西方建立了聯繫並且有了文明經商的經驗，大約僅僅三年時間，這些金融天才和大企業家在俄羅斯迅速崛起，逐漸成為了社會財富分配的強者。他們頭腦靈活，隨機應變，財大氣粗，他們的年收入不低於一百萬美元，他們刮起一股旋風，他們也代表了一種潮流。他們構成了俄羅斯的一個特

殊階層 —— 「新俄羅斯人」。

這些「新俄羅斯人」大多在政局混亂、經濟不穩定的情況下依靠自己靈活的頭腦和不擇手段的做人智慧而脫穎而出，一舉成為富庶一方的霸主，或者某一行業的行業巨頭。據統計，這批「新俄羅斯人」平均年齡僅三十六歲，其中百分之八十的人受過高等教育，百分之八十六的人有知識分子的家庭背景，還有不少人原本是高官。因此，有人封了另一個「雅號」給他們 ——「強盜資本家」。

在俄羅斯原總統葉爾欽時代，俄羅斯從社會主義轉變為「貪婪、難以駕馭」的資本主義。那些熟悉舊體制而又頭腦精明的「新俄羅斯人」抓住轉軌時期的大好機遇，在喧鬧的變革年代，將原本屬於全民的財富據為己有，並且將財富與權力結合起來，一度成了俄羅斯領袖、新秩序的建築師和鼓吹者，他們攫取了俄羅斯的工業，影響大選，在實際上操控著這個國家。

由於貧富的不均勻，俄羅斯眾多民眾則認為，「新俄羅斯人」富豪們的財富都是透過不正當手段獲得的。事實上也的確如此，俄羅斯富豪榜上的富翁大多都有過他們不擇手段的一面。

一九九二年，是俄羅斯發生大變革的一年。在這個社會中，二十六歲的阿布拉莫維奇從石油大學輟學，開始從事商業活動。

在那個動盪的年代，規則為俄羅斯人所漠視。個性鮮明的阿布拉莫維奇和所有商人一樣，在商業活動中不止一次觸摸法律的邊沿並落入了俄羅斯執法部門的視野，只不過較之其他人，行事更為低調的他玩得更高明一些。

當時俄羅斯政府正事在實施「證券私有化」的改革時期，有許多人都很清楚，做石油生意能賺大錢。因為俄羅斯國內石油的價格遠遠低於國際市場價格，所以，只要能夠拿到石油出口許可證，開展石油出口貿易，就能夠迅速獲得高額回報。而曾在石油大學學習過、剛剛在商界混出點小名堂的阿布拉莫維奇就是第一批預見到這種前景的人之一。

看透石油的商機之後，阿布拉莫維奇做出了大膽的選擇，這是一個真正改變其人生際遇的選擇，他決定要與俄羅斯政壇的風雲人物、「院士大亨」別列佐夫斯基合作。這個合作讓阿布拉莫維奇成功跨入了葉爾欽周圍的社交圈子，同時深得葉爾欽小女兒塔季揚娜的賞識。

這讓阿布拉莫維奇取得了幾乎與別列佐夫斯基平起平坐的地位，然後他開始與別列佐夫斯基聯手出擊心儀已久的石油市場。

一九九五年五月，別列佐夫斯基就與阿布拉莫維奇合作建立了特拉斯特公司。之後，阿布拉莫維奇又分別成立了十餘家公司，目的就是用來收購西伯利亞石油公司的股票。八月下旬，西伯利亞石油公司成立。這家公司是根據俄羅斯前總統葉爾欽簽署的第八七二號命令建立起來的。該公司很快就成為俄羅斯最好的石油精煉廠和生產公司。可是到了那年的年底，克林姆林宮因為資金的困擾決定招標出售西伯利亞石油公司的部分股權，於是阿布拉莫維奇便相中了這塊肥肉。

第二年六月，阿布拉莫維奇順利加盟到西伯利亞石油公司旗下「納亞伯利石油天然氣」公司的董事會，同時又順利成為西伯利亞石油公司駐莫斯科代辦處的代表。

隨後，在西伯利亞石油公司出售股權的過程中，阿布拉莫維奇利用三次競拍公司股份的機會，僅用市價百分之八左右的價格，就得到了其所渴望的股份。當然，還有與他聯手的別列佐夫斯基和斯摩棱斯基。他們利用在官場的關係，對負責拍賣的委員會施加壓力，最終只讓「自己人」出現在了競拍場上。

收購西伯利亞石油公司的股份是阿布拉莫維奇事業擴張的一大勝利。之後，阿布拉莫維奇與別列佐夫斯基又成功滲入了其子公司。並且，俄羅斯鋁業公司、俄羅斯民用航空公司也先後成了他們的囊中之物。接連的併購讓阿布拉莫維奇的事業不斷壯大，財富自然也是滾滾而來。這時候，一直衝鋒在前的別列佐夫斯基猛地發現，西伯利亞石油公司變成私人王朝之後，真正的贏家是阿布拉莫維奇，因為阿布拉莫維奇擁有了百分之三十六的股份。

像阿布拉莫維奇這樣起家的「新俄羅斯人」還有很多，他們的共同特點是能夠在政局混亂、經濟不穩定的情況下看到機遇，並且能夠牢牢抓住，依靠自己靈活的頭腦而一舉暴富，踏進世界富豪的行列。

4. 擴張併購，廣泛聚財

拿破崙說「不想當將軍的士兵不是好士兵」。有野心對一個商人來說並非是壞事。謹小慎微固守平淡者難成大事，敢於積極擴大經營範圍才能賺到大錢，併購正是擴張事業的最好手段之一。

俄羅斯民族，從某種意義上說，是一個喜歡和善於擴張的貪婪的民族。因為想發財，就要貿易，有人統計過：俄羅斯的商界富豪大部分出現在原料、資源開採領域，特別是石油、天然氣行業造就的富豪最多。《富比士》雜誌評出一百名俄羅斯富豪中，有四十人從事石油、天然氣等資源行業。這些資源產業的發展與俄羅斯商人的擴張本性並非毫無關聯，這種由於經濟上的貪婪而引發的對外擴張，在俄國歷史上得到了真正體現，征服西伯利亞的過程就是一個最顯著的一個例子。

儘管今天的俄羅斯人不再為資源而擴張領土，但是他們仍舊繼承了俄羅斯民族固有的擴張性，從近年來遍布世界各地的俄羅斯商人的足跡就能證明這一點。無論在歐洲的西班牙、法國、波蘭和德國，還是在亞洲的中國、韓國、印度、斯里蘭卡，俄羅斯商人的身影處處可見。尤其是中俄關係解凍之後，俄羅斯商人沿著「新絲綢之路」，浩浩蕩蕩奔向了中國。

現如今俄羅斯商人擴張最常用的手段就是併購。併購，顧名思義就是兼併和收購，一般是指兩家或者更多的獨立企業，公司合併組成一家企業，或者一家企業用現金或者有價證券購買另一家企業的股票或者資產，以獲得對該企業全部資產或者某項資產的所有權，或對該企業的控制權。實際上就是從商者對某一行業市場的壟斷。

在俄羅斯經濟的私有化過程中，俄羅斯一下子湧現出了許多靠收購一些相關能源大型企業起家的商人。例如他們以極低的價格購買石油資產，再轉手高價倒出，以此大發橫財，而且在近些年來石油和天然氣價格不斷飛漲的市場背景中，他們也獲得財富再次發酵的機會。而奧列格·傑里帕斯卡便是透過併購手段向世界擴張的富豪之一。

奧列格·傑里帕斯卡是葉爾欽的外孫女婿，被稱為俄羅斯的「鋁業大王」。二〇〇八年，根據俄羅斯《財經》週刊公布的俄羅斯富豪排行榜顯示，鋁業巨頭奧列格·傑里帕斯卡不僅憑藉四百億美元資產的身家超過了原俄羅斯首富石油巨頭阿布拉莫維奇，蟬聯榜首之位，而且進一步拉大與第二名阿布拉莫維奇之間的差距。傑里帕斯卡現有資產總額幾乎超過阿布拉莫維奇一倍，成為資金增長率最快的俄羅斯首富。如此之快的增長率與傑里帕斯卡的積極擴張脫不了關係。

與阿布拉莫維奇不同的是，以傑里帕斯卡為代表的俄羅斯新一代發家史相對乾淨，而且他們開始把目光投向國外。這些新寡頭在國際市場大量投資，不是為了轉移資產，而是為了擴張市場，賺更多的錢。

提及奧列格·傑里帕斯卡的發家史，常常會讓人感到迷惑。作為俄羅斯鋁業公司總裁、俄羅斯鋁業控股公司「基本元素」公司的唯一老闆、俄羅斯工商業聯合會副主席，傑里帕斯卡的早期發家史始終是個謎，因為他完全控股的企業很少披露他具體的情況。

一九九四年，當時年僅二十六歲的傑里帕斯卡成為西伯利亞地區薩亞諾戈爾斯克煉鋁廠的廠長。之後他與兩個合夥人成立了西伯利亞鋁業公司。一九九八年，傑里帕斯卡獲得公司絕對控股權。二〇〇〇年，西伯利亞鋁業公司與後來的俄羅斯首富羅曼·阿布拉莫維奇控制的兩家鋁廠合併，建立了俄羅斯鋁業公司，二人股份各半。此次併購傑里帕斯卡只不過是初試牛刀。

鋁業公司合併沒多久，傑里帕斯卡單獨成立了「基本元素」投資公司，一下子成了俄羅斯鋁業公司的控股公司。「基本元素」的業務開始向鋁業以外發展，重點投資機械製造業、能源、金融業，特別是汽車工業。到二〇〇一年，傑里帕斯卡已經收購了俄羅斯大部分汽車廠。

後來由於阿布拉莫維奇的投資方向有所改變，從二〇〇三年十月至二〇〇四年十月一年的時間裡，阿布拉莫維奇將自己持有的俄羅斯鋁業公司股份分兩次出售給傑里帕斯卡。自此，俄羅斯鋁業徹底被傑里帕斯卡壟斷，成為他一個人的天下。

其實傑里帕斯卡早有他自己的目標：超過美國鋁業公司，成為世界上最大的鋁製造商。

到了二〇〇五年，透過併購手段向世界擴張的戰略已經取得了巨大效益，俄羅斯鋁業公司的利潤增長了百分之五十六，總資產達到了十六點五億美元。二〇〇七年四月傑里帕斯卡購入奧地利最大建築商施特拉巴格公司百分之二十五的股份，不久又購入德國最大建築商黑爾夫曼公司百分之九點九九的股份，九月又以十五億美元價格購入加拿大汽車零件製造商美納國際公司百分之二十的股份。他同時還是美國最大汽車製造商通用汽車公司以及其他多家大型企業的股東。

在二〇〇八年的前六個月裡，傑里帕斯卡旗下的俄羅斯鋁業公司在海外收購了數家工廠和礦山。時至今日，從南美的蓋亞那到非洲的尼日利亞，傑里帕斯卡的金融資本遍布全球。

生存和安全是人的頭等需要；野心和貪婪促使人們敢於擴張。正是在這種民族心態下，俄羅斯民族以其咄咄逼人的擴張行為連續了幾個世紀的搏殺。

5. 軍火大國的軍火商

二戰之後，俄羅斯是唯一一個可以和美國抗衡的國家，無論是經濟實力還是軍事實力。但是近些年來，由於俄羅斯的政局突變，和世界和平力量的發展，軍事力量已不像過去那樣為人們所看重，已不再是決定一國盛衰的終極因素，但它並未退出歷史舞台，仍是一國綜合國力的重要構成部分，有著它特殊的作用。雖然經過了裁軍和銷毀核武器，俄羅斯仍然不失為當今世界上的一個軍事強國。只是兵源上出現了一些問題，適齡男子有一半以上有的人逃避兵役，在莫斯科則達到百分之九十以上，而且他們通常並沒有合法的理由。一些青年找來駝背的同伴代作體檢，另一些人則借大病纏身的親戚的X光片，想盡一切辦法來證明自己根本就不是當兵的料。在這種心態的影響下，那些即使走進了軍營的年輕人，仍然是紀律渙散、士氣低落，戰鬥力就可想而知了。

俄羅斯雖然近年在政治危機和經濟危機的沉重打擊下，已經漸漸褪去往日的神采。不過瘦死的駱駝比馬大，不得不承認，前蘇聯時期的經濟先進，是建立在重型工業和武器輸出基礎上的。

蘇聯曾經是世界上最大的軍火出口國，一九八九年占世界軍火市場的百分之三十八。但蘇聯解體後，俄羅斯軍火市場銳減，一九九二年所占份額跌至百分之十七，位居第四。相比之下，西方國家卻占了上風。一九八九年美國占世界軍火市場的百分之三十四，但從一九九一年起則成為世界上最大的武器供應國。德、法、英也緊隨其後，競相出售高性能武器裝備，出口武器種類、出口國家範圍大大增加，搶占了俄羅斯的不少市場。

對俄羅斯的軍火商來講，武器裝備是目前具有較強競爭力、尚可換取外匯的為數不多的工業品之一。為擺脫嚴重的經濟危機，換取更多的硬通貨以解決資金短缺，俄羅斯軍火商又重振精神，決心在世界軍火市場上與西方一比高低。

它把重新打入中東作為奪取國際軍火市場的突破口。它派出各式各樣的代表團，在利比亞、埃及、伊朗等傳統夥伴國，甚至美國的新老朋友以色列、阿拉伯聯合大公國、科威特等國留下串串的足跡。他們以政治交流、軍事交流為名，行推銷軍火之實，利用各種機會宣傳俄羅斯武器的先進性。一九九三年二月，在阿拉伯聯合大公國舉行了為期五天的國際武器展銷會，派出高規格代表團，展示包括 T-80 主戰坦克在內的三百七十餘種新式武器，擺出一副全力爭奪的架式。為了吸引和爭奪更多買主，俄羅斯採用實用主義態度，奉行「給錢就賣」的政策。任何國家只要願付硬通貨都可以得到它的新式武器，價格頗為靈活，試圖以價格優勢擴大市場。例如，一架米格 -29 戰鬥機的價格，只相當於美國 F-16 戰鬥機的二分之一，直升機也便宜一半以上，坦克比美國的便宜三分之二。結果，它失去的一些地盤又被搶奪回來。

在亞洲，俄羅斯軍火商也是一個積極的爭奪者。他們向韓國出售武器以抵銷債務。東南亞軍火市場一向為美國所壟斷，但也被俄羅斯叩開了大門，一九九三年它向馬來西亞出售了十八架米格 -29 戰鬥機。

在歷史上，俄羅斯軍火商與中東也曾有過密切的交往。二戰後，蘇聯更是把這裡當作與美國爭奪霸權的重要場所。但是自九〇年代以來，俄羅斯在中東失去了許多傳統盟友和交易夥伴，喪失了與阿拉伯世界建立有效合作關係的良機。但是，俄羅斯軍火商終於認識到，僅把眼睛盯住西方是一個錯誤，於是，他們再次轉向中東，轉向阿拉伯國家，謀求中東的富國向俄羅斯的石油、天然氣、採礦等部門提供巨額資金，利用其經驗，實現現代化。

用俄羅斯前第一副總統舒梅科的話來說，「要使俄羅斯發展成為一個強大的獨立國家，那麼，我們必須向東歐、阿拉伯世界、印度等國形成一個集團。這將成為一個第三市場。」正是出於這樣的長遠目的，從一九九四年初開始，俄羅斯在中東舞台上才刮起了一股旋風。

一九九四年，俄羅斯成立武器和軍事技術裝備進出口公司，專門負責武器出口業務，並由政府嚴格控制，加強對軍火出口的國家壟斷，提高競爭力。到一九九四年底，訂貨總額比一九九一年增加了百分之一百四十。經過幾年消沉之後，俄羅斯的軍火買賣又開始「全方位」重新出現在世界面前。

但是，由於長期的軍工優先戰略，使俄羅斯輕工業、農業發展曾經一度嚴重滯後，使人民生活水準長期得不到改善，當百姓們看著頭頂上數千萬美元的戰鬥機呼嘯而過的時候，他們的盤子裡裝的只是黑麵包和薄湯。排長隊現象成為蘇聯社會的寫照，商店裡價目表上的物價保持在相當驚人的低水準，貨架上卻什麼也沒有。好容易運來貨物，不論什麼，人們馬上就會排起長長的隊伍搶購一空。

不過，幅員遼闊而物產匱乏的現狀，也為有意進入俄羅斯市場的商人，提供了無限的商機。

經過幾個世紀的怒吼咆哮之後，「北極熊」終於沉寂下來。但它並沒有死去，它所經歷的僅僅是一個「冬眠期」。隨著時間的流逝和外部環境的刺激，這隻「巨熊」一定會重新甦醒過來，並且讓世人再次感受到它的力量與威嚴。

6. 成由勤儉敗由奢

俄羅斯商人具備勤儉的美德。

可是在以前，俄羅斯人卻是比較懶惰的。前蘇聯時期他們吃慣了大鍋飯，所以上班遲到早退是家常便飯，而且即使在工作期間，也是懶懶散散、漫不經心。

就連商店裡的售貨員也是奇懶無比，而且他們的服務態度十分粗魯。若顧客選擇商品時稍微仔細些，便會遭到他們的冷言冷語。前蘇聯的商店還有一個中午打烊的習慣，每個商店根據自己的好惡來規定各自的休息時間，帶給顧客極大的購物麻煩，好在蘇聯人也難有機會大買特買。一到週末，售貨員提前下班更是不成文的規矩。

如今時過境遷，在那樣的文化背景和民族性格之下衍生出來的俄羅斯商人，卻被公認是長期忍飢挨餓的節儉自勵者，同時又是自由放縱的享樂主義者。

因為，隨著當今世界形勢的發展，和俄羅斯政治上的革新。俄羅斯人已從冬眠狀態中驚醒。為了養家糊口，為了抓住這千載難逢的發財機會，俄羅斯商人逐漸忙碌起來。當初升的太陽剛剛撩動夜的面紗時，人們往往已經在大街上匆匆趕路了；大街小巷旁的商店、攤位也準備開業了；批發市場的個體商販們更是大包小包，忙得不亦樂乎。

在資本積累的初期，俄羅斯除了有一部分不擇手段、巧取豪奪的奸商之外，更多的則是憑兩手、憑才智創業的本分商人。文靜、纖弱的麗達是一家冰淇淋銷售公司的經理，而幾年前她卻四處找不到工作，只能屈就到這家由他哥哥與其朋友合資開辦的公司做祕書。因為她表現出色，又肯吃苦，一年後在其兄的推薦之下，成了公司的經理。麗達的公司雖然只有七名雇員，但公司每個月要銷售掉三至五卡車的進口以及本地產的冰淇淋，工作量相當大。到了夏季，她整天忙著和供應商、零售商打交道，鞏固和發展業務關係，簽訂各種供銷合約。

作為一名女性，麗達經商面臨困難尤其多。比如，麗達家住離莫斯科市較遠的普希金市，她每天花在路上的時間就達三四小時。每天不得不起早摸黑。忙碌一天回家後也不得清閒，有時要處理白天遺留下來的工作，有時要盡母親的職責。麗達有一個十歲的女兒，小女兒常年由她來照顧，母女感情深厚。

麗達的丈夫起初對麗達經商頗有怨言。他畢業於莫斯科大學的微生物系，是一家研究所裡的研究員，月薪約四十美元。但當麗達拿回第一個月薪資後，他沒了二話，立刻舉雙手支持。

與許多商人的觀點一樣，麗達也認為在俄羅斯只要努力工作就一定能過上好日子，並現身說法，她家的生活就比以前好多了，已屬中上水準。

像麗達這樣的俄羅斯普通商人還有千千萬萬，他們都正在兢兢業業創造著自己的未來。尤拉是另一個例子，他是一家股份公司的業務經理，從事化肥、木材等原材料買賣。尤拉的日程表排得滿滿的，今天在莫斯科，明天就可能去了海參崴。

處於創業階段的商人都深知若在殘酷的競爭中失敗了，將會有什麼後果，因此廢寢忘食是常有的事。特別是那些由年輕人組成的小公司更是勵志圖強。他們大多剛從大學畢業，朝氣蓬勃，辦事幹練，注重實效。在他們身上的確看到了俄羅斯的未來。

像這樣透過勤儉自勵白手起家的俄羅斯商人還有很多很多。那些在前幾年已經暴富的商人如今也絲毫不敢鬆懈。對這些人的調查表明，現在做生意比過去困難多了。過去，任何人只要能打通關結，搞到便宜的石油、鋼材或土地就能大賺一筆；如今，這些賺錢的領域已被瓜分完畢，商人們不得不開創新的天地。一位暴發戶說：「當市場還是空空蕩蕩的時候，你賣什麼都容易，而現在你非得壟斷某些特殊的商品才能打進市場。」未到三十歲的富商維爾諾夫則說：「你得不分晝夜保持領先地位，因為這裡的一切都是不穩定的，這裡的形勢每天都在變化。」這位富商的妻子和兒子都在美國定居，他本人的交通工具是兩輛勞斯萊斯汽車、幾輛名牌跑車以及若干架飛機。維爾諾夫是一家包括銀行、貿易和製造業的龐大集團董事長。為了處理公司業務，他常常得工作到午夜，而後休息上五、六個小時。有時為了放鬆一下，他會去娛樂場所花去幾千美元而不皺一下眉頭。

金錢的確深具魅力。若人們的視線能穿過那層薄薄的紙幣，那麼俄羅斯商人早起奔波將有另一番意義。如果他們如此這般的奮鬥精神能映射到每一位俄羅斯人身上，那麼俄羅斯走出經濟低谷、重振大國威望指日可待。

7. 獨一無二的酒鬼商人

我們都知道，酒在人類文化的歷史長河中，它已不僅可以尋歡遣興，更是一種文化象徵。作為世界客觀物質的存在，酒是一個變化多端的精靈，它熾熱似火，冷酷像冰；它纏綿如夢縈，狠毒似惡魔，它柔軟如錦緞，鋒利似鋼刀；它無所不在，力大無窮，它可敬可泣，該殺該戮；它能叫人超脫曠達，才華橫溢，放蕩無常；它能叫人忘卻人世的痛苦憂愁和煩惱，到絕對自由的時空中盡情翱翔；它也能叫人肆行無忌，勇敢沉淪到深淵的最底處，叫人丟掉面具，原形畢露，口吐真言。

而在俄羅斯，酒與這片土地上的人結下了不解之緣。俄羅斯的廣大地區，氣候都極為寒冷，兼之俄羅斯人體格健碩、性情豪邁，長期以來，他們生活中處處都少不了酒，經商過程中也同樣如此。近些年的政治危機和經濟危機，誘發了部分俄羅斯人的信仰危機，借酒澆愁的景象隨處可見。所以，當你發現生意上的合作夥伴濫飲成性、酒量驚人時，完全用不著大驚小怪。

酗酒也是俄羅斯商人們最大的愛好。許多商人是酒仙、酒神、也是酒鬼。日日飲酒，談生意時要喝酒，賺錢要喝酒，賠錢也要喝酒。

有了伏特加酒的調劑，俄羅斯商人表現出來的率直可愛和胸襟坦蕩又往往讓人目瞪口呆。喝酒之前還只是初識，相互之間彬彬有禮保持一定距離，談話也很拘謹；幾杯伏特加下肚，雙方就稱兄道弟、互訴衷腸，訴說家庭矛盾或處於妻子與情人中間的兩難境況，或盡情和哲學上的假想敵論戰，誰也說不服誰。既然大家都能喝，誰也不會勸誰多喝。

俄國人喝酒，也許為了在寒冷的冬天暖和暖和身子，也許希望暫時忘掉塵世的紛紛擾擾，但更可能的是酒能消除人與人之間平常的隔閡，卸掉偽裝，大家坦誠相見，這原是人人都需要的。

世界上的酒徒很多。但是，這些酒徒與俄羅斯的「酒鬼」相比，那就遜色多了。在俄羅斯，男人不喝酒就像女人長鬍子一樣少見，而且，幾乎每個男人都有喝酒的嗜好。

俄羅斯人酗酒有幾個世紀的歷史。

在十八世紀前的俄國，人們只是喝一些蜂蜜變酸後釀成的蜂蜜酒。在彼得大帝時代，俄國人開始用大麥釀酒，當時酒的價格很貴，而且度數也僅有四十度。十九世紀俄國工業革命後，造酒業有了迅速的發展，酒的度數也變得越來越高，其中資本家專為用來吸引雇傭工人釀造了一種高度數烈性酒伏特加酒。

漸漸的，酒對於俄羅斯人具有不可抗拒的誘惑力。一旦手頭有了鈔票，他們就要在擺著幾條木頭長條凳子的小酒館裡喝得酩酊大醉。莫斯科的冬天寒風刺骨，但是常有酒鬼醉臥街頭。

二戰結束後，俄羅斯人酗酒現象更加嚴重，就蘇聯國家高層也捲入了嗜酒者的隊伍。在俄羅斯，如果市場食品供應短缺，人們還可以忍受，而如果伏特加脫銷斷檔，就難免發生群情騷動。當然，酗酒帶來很大的危害，最可怕的後果是民族的退化，這是俄羅斯民族千年歷史中最可怕的悲劇。政府屢禁不止，因為國家雖然減少了酒類生產，私人釀酒活動卻蔓延城鄉各地，非常猖獗。以戈巴契夫上台後發起的一場轟轟烈烈的反酗酒運動為例，據估計一九八六到一九八八年，私人釀酒量達幾十億升，每年全俄有近百萬人因私自釀酒而受罰，多數私自釀酒者依然我行我素。而國家財政這三年中因此而減少酒類稅收近五百億盧布，占國民收入百分之十。這不僅使財政壓力加大，更嚴重的是，這筆錢實際上由酒徒們付給了私人釀酒商，最終流入市場，使本來已經緊張的食品和商品供應更捉襟見肘。嚴厲的禁酒措施招來人們牢騷滿腹，諷刺當局的笑話廣為流傳，有一則針對戈巴契夫本人：一個莊稼人來買伏特加，那邊排著隊。他站了一個小時，又站了一個小時，人累了，臭罵了戈巴契夫一通，自告奮勇去找他算帳。不過很快又罵罵咧咧回來了，原來找戈巴契夫算帳的隊伍排得更長。一場禁酒運動暴露出當時蘇聯經濟機器負擔沉重，無法轉向，一轉輪子就脫落，機器面臨散架之虞，只有無疾而終。伏特加酒又堂而皇之擺上了俄羅斯人的餐桌。

據權威機關調查，一九七二年蘇聯人均年消費伏特加酒二十三瓶，一九七五年達二十六瓶，而一九七八年達到了二十八瓶。蘇聯人僅拿出百分之六的錢用於購買書刊雜誌，百分之七十二的休閒費用都花在伏特加上面，僅一九七五年一年中，全蘇銷售伏特加酒所獲的純利就達兩百三十億盧布，這個數字比全國衛生保健和體育事業費的總和還高一倍。

在俄羅斯商人眼中，「自古英雄多海量」、「唯酒論英雄」，才能體現俄羅斯人的博大胸懷。為此，俄羅斯商界幾乎人人都是「酒鬼」，沒有人不會喝酒。所以，一踏進俄羅斯的國土，伏爾加河的酒氣就會讓你「沉醉」。因此，與俄羅斯商人打交道時要有海量，能喝善飲。

8. 與俄羅斯人打交道的智慧

與俄羅斯商人做生意，需要把握住的關鍵是想方法賺錢，只要能賺錢，其他的一切都可以姑且忍受。當然，想要輕鬆賺錢並不那麼容易，由於俄羅斯人性情外露，喜怒無常，思考問題時，感性傾向很明顯，缺乏嚴密性和條理性，因而是不宜長期合作的。即使是做一趟生意，也最好是速戰速決，避免夜長夢多。

俄羅斯商人在做買賣時注重書面合約。合約中一般寫明商品名稱、數量、單價、金額、交貨期、品質規格、保證、支付條款、發貨通知、包裝標誌、運輸方式、需要的單據和提出異議的期限、雙方法定地址等。

大部分俄羅斯商人還認為，過分注重眼前的交易，不思建立長久合作關係的人是不可靠的。因此，他們在一開始，往往不急於直接與預期的商業夥伴聯絡，而是多花一些時間尋求適當的引薦管道，例如辦事處等貿易機構，並注意結識熟悉工商界的人。

初次與俄羅斯商人見面必須握手，告辭時也要握手。稱呼對方一定要用他的正式頭銜，除非他特意要求改用另一個稱謂。到俄羅斯經商必須隨身帶足名片。如果會見俄羅斯官員，要用一面印有俄文，一面印有英文（或中文）的名片。

與俄羅斯商人交往時，切忌衣冠不整。俄羅斯人十分注重儀表。外出時，總習慣衣冠楚楚。衣扣要扣得完整，從不像有些國家的人那樣，把外衣搭在肩上或系在身上。天熱時也不輕易脫下外衣，手從不插在口袋或袖筒裡。他們還很講究「站有站相，坐有坐相」。站立時，身體不靠牆或柱子，坐下時，兩腿不亂動亂抖，更不能把腿搭在椅子扶手上，或坐在椅子扶手上。卷褲腿、女同志叉開雙腿或撩起裙子，都是極不禮貌的。即使是休息時，修指甲、剔牙、掏耳朵、挖鼻孔，摳眼屎、搓泥垢、搔癢、脫鞋、打飽嗝兒，打呵欠、伸懶腰、哼小曲、亂丟煙頭果皮及隨地吐痰等小動作，在俄羅斯商人看來，都是不能容忍的。交往時如不注意這些細節，會被對方視為沒有教養。

俄羅斯人有「左主凶右主吉」的傳統思想觀念，因此，切忌用左手握手或用左手傳遞東西，否則，會被視為是嚴重的失禮行為。

俄羅斯人時間觀念很強，對約會總習慣準時赴約，切忌遲到。

俄羅斯商人談生意時往往做好了充分的準備，他們精於討價還價之術，談判中，他們像演員一樣，善於變換面孔，以各種姿態出現，引誘你接受他們的條件。在任何情況下，對方不會接受你第一次所報的價格，即使你的開盤報價已無法再低。因此，初次報價時，切忌報底價，務必在標準價格上加上一定的溢價，以便為在以後談判中為促成成交作適當讓步留一定餘地。

俄羅斯商人的思維方式與做事方法相當一板一眼，固執而不易變通。他們不僅注意業務談判的誠意、技巧和談判者的水準，而且更重視做生意的人。

談判時，俄羅斯商人中常採用的最有力的戰略就是利用相持不下的僵局，反客為主。他們不把僵局看成失敗，而把它作為全盤計畫中的一種戰術而有效運用，使對方的耐力和決心受到嚴格考驗。

俄羅斯商人在談判中還會使用一些其他招數，如大聲喊叫、敲桌子，甚至拂袖而去，等等。對此，切忌為這些虛張聲勢的表面現象所動。如果他們真能從別的地方得到了低的價格，就不會勞神費力地同你談判了。因此，切忌為俄羅斯商人在談判中的表演所糊弄，輕易做出讓步。

俄羅斯人辦事拖拉，做事斷斷續續，往往使談判增加困難。他們絕不會讓自己的工作節奏適應你的時間表。

和俄羅斯商人談判時，切忌浮誇的推銷作風。對方是國際商務的談判老手，與他們談生意時，合約用語一定要十分精確，要明確規定產品的性能，在沒有絕對把握肯定產品能達到某種水準時，不要隨便承諾義務。訂立合約條款時，應規定一旦錯過任何一個索賠日期，就有權修改所有其他的索賠日期，否則他們事後絕不會同意作此種修改，從而使你在交易過程中處處被動。合約一經雙方同意後，俄羅斯人習慣上拒絕對合約作任何修改，所以，合約一開始就必須訂得細緻認真。

和俄羅斯商人交往時，還不宜談論俄羅斯的政治問題、民族問題、宗教問題和經濟問題，也不要談論俄羅斯和其他周邊國家的關係。不宜詢問對方個人收入、政治信仰等純屬私人的事情。

除此之外，還有一些生活中的禁忌也許注意。

數字方面俄羅斯人特別忌諱「十三」數，認為「十三」是個兇險和預示災難的數字。他們一般都偏愛「七」，認為「七」預兆著辦事會取得成功，可以帶給人們美滿和幸福。

顏色方面俄羅斯人忌諱黑色，認為黑色是死亡和喪葬的色彩。他們普遍喜歡紅色，把紅色視為美麗和吉祥的象徵。

圖案方面俄羅斯人喜愛馬的圖像，他們認為馬能驅邪，會給人帶來好的運氣，所以不少農民非常喜歡把馬頭形的木雕釘在屋脊上，以示吉祥求得四季平安。但他們討厭兔子和黑貓的圖像，他們認為兔子是一種怯弱的動物，如果從自己眼前跑過，那便是一種不祥的兆頭；他們對黑貓更為厭惡，並視黑貓從自己面前跑過為不幸的象徵。

第五章

英國商道：「紳士商人」不是虛置的頭銜

西歐是現代文明最為先進的中心，而在西歐這些先進國家中，英國又是其中最具代表性的國家。經商和貿易使國家致富是英國這個君主制王國吸引臣民為它效忠的魅力。在英國商人眼中，人生就好比航海，不去冒險，永遠也到不了成功的彼岸。英國人是天生的紳士，在任何場合，他們都很講究風度，同時在生活中他們又富含激情，常有許多奇思妙想。這直接導致了英國商人的勇於探索，大膽追求，乃至冒險精神。

1. 日不落帝國的紳士風度

英國商人的性格與應該的歷史和文化背景是分不開的。說到英國，不能不提到工業革命和新航路的開闢，當東方的中國、印度仍沉浸於數千年的燦爛輝煌，態度幾近於抱殘守缺時，從歐洲駛出的殖民船，已經滲透於世界的每一個角落。

新航路的開闢讓航海貿易業迅速發展起來。新大陸的發現，殖民地的擴張，各國的利益競爭和對殖民地的野心提供了海盜活動最大的溫床。隨著私掠許可證的出現，海盜活動甚至開始「合法化」了。私掠許可證聽起來有點強盜邏輯，例如：一個荷蘭商人的貨物在德國被偷，他不但不透過合法或外交手段來獲得對於他損失的補償，反而能得到一封荷蘭政府授權的私掠許可證，這樣的許可證允許他可以俘獲德國商船來彌補損失。

更讓人瞠目的是，當時歐洲各國政府使用這些許可證作為國家工具來加強海軍，可以使本國在不增加預算的情況下，憑空多出一支能夠攻擊敵國商船的海上力量。海上霸主英國，就是靠著一群海盜起家的。十五世紀末英國打敗西班牙「無敵艦隊」後，取得了海上霸主地位，使其本來一個僅有數百萬人口的孤島小國一躍成為世界上頭號殖民帝國，並在以後好幾個世紀中保持著世界「第一強國」和「海上霸主」的地位。難怪有人曾戲說：全英國就是一大群海盜，伊莉莎白就是最大的海盜頭子。駛往世界各地的殖民船隊中，英國人無疑是最具影響的一族，他們當年營建的「日不落帝國」，堪稱世界歷史的一大奇蹟。

短短數百年的時間內，世界形勢發生了翻天覆地的變化，無論人們是否心甘情願接受，現代商業文明的因數，仍頑強在世界範圍內迅速蔓延。時至今日，日不落帝國雖已不復存在，但英國文化對特定地區文化的影響，仍很強烈，尤其是英國商人的群體性格特徵，仍是每一個生意人不能不知的商業祕密。

一直以來，英國都深處海上，與歐洲大陸隔離，這在一定程度上養成了本國的自閉和高傲，同時也激發了英國人對外面世界的強烈嚮往。

海洋民族不同於陸地民族的一個主要特點是：倔強的個性、冒險的天性和樂觀自信的秉性。一個陸地民族中的優秀居民，只要眷戀土地，遵紀守法，順從統治者的意志就可以了。而一個海島民族的公民，他必須既是海盜，又是商人，還必須是一個冒險家和一個殖民者。

進入近代社會，航海技術的飛速發展，激發了英國人海外冒險的激情。哥倫布發現新大陸，麥哲倫的環球航行，在今人看來，無疑是人類科學史上的大創舉，唯有英國人非常重視其冒險探索的經濟效益。最初到海外冒險的英國商人，大都把目標集中在黃金、香料等有限的海外寶物之上，但隨著時日的演進，他們心目中的奇貨範圍被不斷拓展，能賺錢發財的東西，無不進入他們的視野。總結這段時期的歷史，英國冒險家們的成功祕訣，就是把歐洲最司空見慣的東西，當成奇貨帶往海外，同時把海外看似普通的物品作為新奇之物售回歐洲大陸。

英國小說家笛福的《魯賓遜漂流記》講述的就是一個英國冒險家的故事。小說裡洋溢著強烈的樂觀態度和商業冒險人物的自豪感。魯濱遜代表了英國早期資產階級的正面形象，體現出英國人的典型性格。在笛福時代，英國人正是這樣一個崇尚冒險、熱衷擴張的海島民族，英國地理位置孕育出來的民族性格是英格蘭崛起的一大因素。小說的後部分描寫魯濱遜遊歷各國，他到過非洲和印度，又經由西伯利亞返回英國，這時候的魯濱遜不僅僅是一個冒險家，而是一個獲利甚豐的商人。冒險家、殖民者、商人構成英國人那一時期的多重性格，形成了英吉利民族樂觀自信、勃發進取的心理素養。

有人說如果畫像給英國商人，不應該把他們畫在店鋪裡，小心翼翼撥弄著算盤，計算著盈虧，而應該把他們畫在船上，任洶湧的波濤拍打著船舷。因為，英國商人最引人注目的特徵便是始終保持「走出去」的姿態。「走出去」是對英國商人甚至英國精神最形象的寫照。在以地中海為歐洲經濟舞台的時期，英國可以說是遠遠偏離經濟的重心，威尼斯人和北歐的商人們幾乎操縱了歐洲大陸上的貿易，當時最重要的商品交易市場也都集中在歐洲大陸。英吉利海峽雖然並不寬闊，但它仍然使英國成為歐洲之外的地方。航海探險和地理大發現給英國帶來了無限的機會，英國商人適時抓住這一時機，把走出去的意識發揮得淋漓盡致。英國的商人們充當了探險的先鋒。

喜歡冒險的人，總是具有非凡的想像力。即使是今天，英國商人的骨子裡，仍存留著大膽想像和樂於冒險的因數。很大程度上，表面的彬彬有禮，有板有眼，掩藏著他們太多的奇思妙想。尤其是有紳士風度作為掩飾，冒出來，更能收到意想不到的效果。

英國人的紳士風度世界聞名，「紳士」這個詞彙彷彿只有用在英國人的身上才會真正恰如其分。其實紳士風度是英國民族精神的外化。這種特徵隨時隨地都會表現出來，只要有一群不同民族的人在一起，「紳士風度」會很容易把英國人與其他民族區分開來。

總結起來，英國人的「紳士風度」具體表現出來的有這樣一些特點：

(1) 公平而合理的競爭原則。無論是在商業、政治或其他一切帶有競爭性質的場合，比如體育競賽或提升職位等等，都應該以良好的運動員風格來競爭，贏要贏得有風度，輸也要輸得有涵養，光明磊落，沒有幕後小動作。競爭的各方應該有平等的機會，不應受到不公平的待遇。

(2) 言行處事應盡量抑制感情的色彩，而讓理性來主宰一切。與職業有關的事務應以職業道德為標準，而不摻入私人恩怨或個人好惡。

(3) 堅韌不拔、勇往直前的氣概，為維護個人與國家的榮譽在所不惜。這表現在個人方面是不做則已，做則要做到底的精神。

一九八六年的足球世界盃賽，成就了球王馬拉度納，最佳配角無疑是英國紳士。就連馬拉度納本人回憶那顆永載史冊的漂亮進球時，也不能不對英國球員的紳士風度由衷感激。因為在他帶球長途奔跑時，英國球員全都一板一眼去追逐足球，而沒有想到要去破壞性鏟倒球王。

在商業競爭中也是如此，英國商人的紳士風度令別國商人刮目相看。不過，英國紳士的背後，依然也還存留著英國歷史上海盜的霸氣和冒險家的精神。

追求個性平等，講求紳士風度，和富於冒險、樂觀向上的精神已被看成英國甚至西歐所崇尚的社會精神。這種精神本身有著成功的希望，有充分發展自己的機會。

英國人很看重自己的紳士風度，有著深刻的歷史原因。長期以來，特別是近代社會，英國的政治、經濟、文化水準，均領先於歐洲，乃至全世界，這足以使眾多的英國民眾深感自豪。而在宗教歷史上，英國人信奉上帝，態度極為虔誠，在他們眼裡，人類的存在價值，就是為了增加上帝的榮耀，實現這一崇高目標的最佳途徑和方式，則是忠實於現實，做好自己的本職工作。

2. 為「紳士」名聲不懈進取

商人的天職就是賺錢，只要能夠賺錢，英國商人是從不害怕吃苦受累的。為了賺錢，他們甚至殫精竭慮，甘冒奇險，不達目的，誓不甘休。然而，讓人難以理解的是，有很多窮了一輩子的英國商人，堅守清貧，靠自己的努力獲取了成功，積累了巨額的財富，目的卻是為了「紳士」這個虛空的頭銜。

不難看出，英國商人看重財富，拚命賺錢，但又不把賺錢當成是自己行為的唯一目的。在他們眼裡，賺錢的過程本身就充滿著美感。在賺錢的過程中，能夠賺錢，既體現了自己辛勤勞動的價值，又體現了上帝對自己的恩寵和眷顧。或許他們更在乎名譽，奮力躋身於紳士行列，賺錢並積累財富，不為其他，僅僅是為了證明自己的價值存在。同時，這也和他們不懈進取的民族特性有著密切的聯繫。

英國商人喜歡做一些新奇商品的買賣。這是因為英國商人的成長與發展的歷程總是和他們善予追求新奇的特點聯繫在一起。在歷史上，英國在歐洲被大西洋所封鎖，通向東方的道路不暢通，在這種情況下，英國商人們便已經習慣於靠不懈進取爭當第一了。

他們全力追逐東方來的商品，因為，他們深知轉運而來的東方商品，對於英國人，甚至歐洲人來說是新穎和奇特的，是有特別價值的。

因為這些商品輾轉跋涉而來，其間經歷了種種的艱辛和波折，這便使這些商品本身增加了價值。另外，這些商品由於出自那些文化和歷史背景都與歐洲大異其趣的東方國家，因而，它們以奇異而富於價值。而且這些商品由於能夠運到歐洲的數量極少，物以稀為貴，因而也就比較值錢。

當時英國及歐洲的商人們爭相經營這些物品，不畏艱辛，甘冒風險，他們從阿拉伯人那裡接受這些物品，然後再把它們在歐洲銷售，滿足上層人對東方奇異品的需要，從中獲取高額利潤。

英國由於地處歐洲大陸之外，因而這些物品在英國更加新奇和珍貴，也更具有價值，英國商人也就更懂得以新奇來制勝的原則。

隨著通向外面世界的道路開通以及大批異國商品的輸人，

那麼原來所謂的新奇商品也不再新奇，原來少量的珍奇物品也已不能賺取高額利潤了。在新形勢下，英國商人們不再在歐洲坐等新奇商品進入，於是，他們又沿著探險者的足跡，直接深入到海外，去尋求更多的新奇商品源。

可以這樣說，這時歐洲興起的探險浪潮，是和商人向外的願望密切相聯，商人們率先充當了探險急先鋒。因而，歐洲的探險活動與其說是地理探險，倒不如說是經濟探險。探險者每到一處，他們首先發現的是那一地方經濟上的價值，所以他們為那些到達的地方起了象牙海岸、黃金海岸、奴隸海岸、香料之國等頗具商業氣氛的名稱，而探險者功勞的大小也就以所發現地區的經濟價值為依據。英國由於在探險歷程上起步較晚，因而它的探險目的更加明確：擴大市場，獲取商品。

雖然，探險並不是始於英國，但地理大發現卻為英國提供了最有利的向外時機。商人們抱著獲取外來物品的目的，主動組成商人冒險公司，深入到遙遠的國度，他們滲透的力量是任何軍隊都難望其項背的。而且，在行動過程中，他們把不懈進取的精神進一步發展。

第一，他們透過探險而使得作為奇貨的種類不斷增加。原來他們心目中的奇貨只有黃金、香料等有限的幾種，但隨著探險的深入，他們發現了許多同樣可賺取高額利潤的奇貨，這就促使了他們永不甘休探險再探險。第二，英國商人這時的探險與獵奇形成一種雙向流動關係。過去，商人們只想收集東方的奇異物品，然後進口到歐洲去銷售，總體而言進多出少，甚至只進不出。現在，他們認識奇貨的相對性，也就是說，歐洲商的科技產品在比較落後和閉塞的國家裡也同樣是奇貨，那樣，商人們在一去一回之間便獲取了雙重利潤。

探險與獵奇的結合，歸根到底，是不懈進取與報酬的關係。探險是建立在進取精神的基礎上的，獵奇也就是在奇中獲取利潤。堅持不懈的進取意識滿足了英國商人的賺錢欲望，驅使著商人去開拓，開拓的結果是獲得了越來越多的利潤。

3. 受人尊敬的商人職業

和鄰近高度民主的先進國家相比較，英國殘存著古老的等級觀念。王室是國家的象徵，貴族享有一定的特權。這不能不讓人們對該國商人的地位隱隱有些擔心。

但是這種擔心似乎是多餘的，不同的國家有不同的特異傳統，英國商人素來受人尊敬。在英國民眾的心目中，商人甚至像紳士一樣，享受著特別的尊敬。

因此，在英國商業並不局限在特定階層的人手裡，商人也從來不是一個固定的階層，你首先是一個商人。

英國的商業領域，任何人都要遵從同一的商務邏輯，這裡講究的是自由競爭，各顯其能。英國商人們認為，錢是靠本領賺來的，和特權、地位、出身並無多大關係。高貴的人並不因其高貴便能財源滾滾，低下的人也不因其低下而得不到錢財，相反，下層人由於更加吃苦耐勞，更加實幹，更具冒險精神，反而更能獲得成功。

於是，在英國的商業領域，判斷一個人高下的標準，就是看他在經營中能否獲得成功。「勝者為王敗者為寇」這句格言更適合於英國的商業領域。

英國是一個環海國家，國民天生就具備了激情和喜歡冒險的特質。數百年前，新航路的開闢，新大陸的發現，隨殖民船隊之後陸續抵達美洲的，除了少數的殖民統治者外，更多的是處於生活底層、迫切希望改變自己生活境況的冒險家和探索者。

窮則思變，此乃通行無阻之至理，對英國人來說，他們特別推崇積極進取的人生態度，無論是誰，只要是透過自己的個人努力，能不斷改善自己的生存狀態，都會受到世人的尊敬。經商做生意，從而令自己富有，正是諸多進取之道中最典型也是最普通的一種。

隨著英國社會各階層對本領與錢財達成一致的共識，社會變得更加開放，各階層更加流動不滯，等級歧視也便慢慢消除。在英國，貴族和紳士，商賈和農民，在巡迴審判廳裡常常自由來往毫無隔閡，商人和工匠們常在一塊喝酒，貴族的幼子們常常繹商，富裕的商人可以變成紳士。人們即使不把商人當做實際的紳士，至少也把他看做和紳士一樣高貴。

湯瑪斯·孟是英國重商主義的代表人物，是「貿易差額論」的宣導者。他認為商業是一種受人尊重的職業，而且希望自己的兒子去經商，他在《英國得自對外貿易的財富》一書中說：「因為商人肩負著與其他各國往來的商務而被稱為國家財產的管理者，實在是受之無愧……因為這種職業的高貴性質或者可以更有力激起你的願望與努力，去獲得那些可以將它做好的能力。」

英國《觀察報》的一項民意調查也顯示，在人們的優良品德中，絕大多數的人一致認為：「一個商人和自己做一件自己完全不懂的生意，若能公平厚道，毫無欺騙，就有資格做一名紳士。這樣的商人做紳士，比那些對我以謊言相欺的宮廷大臣和名流學者，資格要高得多。」

這表明，生意人賺錢致富，是天經地義的，是受人尊敬的。只要是辛勤工作的人，只要是不與傳統相悖的行為，講究寬容風度的英國人，都會一視同仁，以禮相待。雖然商人生來並不高貴，但是他靠自己的能力和努力達到同貴族同樣的水準，除了那虛假的頭銜之外，商人並不比貴族缺少什麼，人為的等級區別並不是能力大小區別。在獲得錢財和做出貢獻方面，人與人是平等。反倒是那些自覺出身高貴，地位優越，卻又整天無所事事，只知裝腔作勢者，會被眾人鄙夷。

因此，在英國商人是很有地位的，與英國人做生意也較平等。

英國人的這一審美價值取向，直接影響了許多政界要人和學界名流的行為美學，他們在政界和學術界享有成功的同時，大都有自己經營的產業。也正是因為英國人對商業行為的普遍偏好，有效促進了本國經濟的發展，使英國經濟始終是世界經濟的重要組成部分。

商人在英國受到最廣泛的尊敬，這是不爭的事實，但無論如何，都不能忽視英國是一個講究紳士風度的國家，商人之所以受人尊敬，並非毫無條件。

英國的紳士和貴族也受人尊敬，那是因為他們的頭上多了一項榮譽的稱號，而紳士和貴族的行為，大都在此頭銜的束縛之下，一旦拋棄這道緊箍咒，榮譽光環也會隨之消失。對於追求實效的英國人來說，英國商人的進取精神當然是第一位的，其次，當然還須遵守公認的道德準則和法度。

英國商人的經營管理，最講究嚴謹和規範，與其合作，無須擔心太多。因為在規則面前，人人平等。

4. 腳踏實地，務實不務虛

「不到橋邊，不想橋對面的事情。」這句諺語反映出英國人務實重行的群體性格特徵。務實重行是成就事業的基石。英國人重行動而不尚空談。他們不重視抽象的理論，很少幻想，不善辭令及一切浮面的虛文。他們在經營事業時，大都腳踏實地，不誇大，不猶豫，不僥倖，並十分注意工作效率。他們對於每一件事業都孜孜不倦，有始有終，總要得到一個結果，絕不半途而廢。通訊時，也總是直截了當說自己要說的話。見面接洽，也不先作寒暄，而是簡單扼要，對於數目則力求準確，視無裨實益的空談為一種浪費。他們喜歡行動，他們最大的愉快是從實行中實現希望。

英國人的這種務實而不務虛的精神在英國的商業界是隨處可見的。舉個簡單的例子，我們到商店購物，倘若需要找回零錢，即便是半鎊的零錢，如果你付給英國店員一磅的錢，他們並不會迅速把要找你的錢交給你，而是把要找的零錢一點一點加上去，直到加到一鎊為止。如果是擔心出錯，根本是不可能的，但英國人就喜歡這樣，被許多人視為迂腐可笑。

許多從英國旅遊歸來的人，都驚嘆於英國人辦事的認真仔細，甚至為英國人的某些做法，感到不可思議。並非英國人都很弱智，連簡單至極的計算都害怕出錯，而是英國人的文化理念使然。他們不僅做事嚴謹認真，而且非常遵守傳統，即便是數幾枚零錢，他們也只相信親自動手，而非憑空想像。

英國商人在經營上的務實精神貫徹如斯，也算走到極端了。

英國商人的這種務實精神具體到經營和管理上，他們不輕易制訂過多的條例，即使出於必須有條例，他們也不允許出現任何空泛無用的規則。但是，他們制定的規則之巨細都正好切中實際，不用套話，不照搬俗例。

例如，太古輪船公司經理晏爾吉曾為公司制訂了輪船公司十要，其中，沒有任何口號式的語句，所列的都是經營中應引起注意的事項。

如：「一、總辦為公司領袖，如不熟識商務，則不能知人善任，凡事為人所愚，措置失當，必有廉而不明，待其悔悟，該公司吃虧不淺矣。」

又如，「五、輪船機器貴乎新式，燒煤少而行駛速，如貪其價廉買舊式機器之船，燒煤多而行駛慢，必吃虧無疑也。」「十、坐艙夾帶貨物，少報客位，司棧多報力錢，偷漏客貨，私收棧租等弊，均無難革除，要皆事在人為耳。」

在這樣簡要的條例中，晏爾吉所以不惜筆墨把這樣細小的事情載人其中，因為他並不覺得這是小事，反而認為這些具體的細節才是實實在在的：它們直接關係到輪船航運的利益所在。這其中反映的正是英國人這種務實精神。

在英國商人經營的公司裡，最不能容忍的弊端，就是職位職責不明確，造成人浮於事。大多數的老闆會根據公司的需要，嚴格控制員工數量，保證每一個員工都有具體明確的事務可做。尤其是初創業者，他們寧肯自己多做一些事情，甚至是讓每一個人超負荷運轉，也不允許有冗員出現。這根本不是多一個員工多一分工錢的問題，而是英國老闆追求企業的整體運作節律，追求獨特的企業風貌使然。

英國商人自己做事很努力，也要求下屬員工努力，甚至在選擇合作夥伴時，也要求對方是個勤勉務實的人。

一九四〇年，德國的希特勒對英倫三島發動了大規模空襲，一時間，炮聲隆隆，火光沖天。倫敦的人民似乎並未受到多大的影響，各個階層的人仍然按部就班自行其事。

在刺耳的警報聲中，工人們依然急匆匆趕往工廠去做工；百貨公司仍然大門敞開，顧客熙來攘往；在馬路上，公共汽車、電車、計程車仍然川流不息；機關工作人員若無其事辦公。直到敵機臨近上空以後，這些人才暫時躲入地下室，等飛機飛過，他們就又回到各自的工作職位。

同樣，在倫敦火車站裡，伴隨著飛機的轟鳴及警報的叫聲，票房仍然售票，乘客們仍然手提大包小包上車下車，即使炮聲隆隆不絕於耳，戰鬥機在火車上盤旋時，開車的信號笛仍然照常吹響，車長們紋絲不動站著，認真揚著信號旗，列車毫不耽擱開往海岸，乘客則安然坐在車廂裡，似乎這一切的一切於他們無關，只不過是一場演習而已。

英國人能面臨大敵而仍若無其事經營自己的事業，並不是因為他們天生不怕死，他們完全是自願從事著自己的工作。對他們而言，不管發生天大的事情，哪怕是面臨被轟炸的危險，也不能以此為藉口使業務陷於停頓，無論如何，工作是第一位的。

英國人這種不屈不撓的精神並非是戰時養成的特有性格，而是源於英國人一貫的務實作風。

5. 最符合上帝意志的特質 —— 理性

在英國人的腦子裡，理性永遠占據絕對的上風。理性不僅是成熟的表現，往往還會給你帶來更大的收益，讓你運籌帷幄，決勝千里之外。

中世紀曾被人們形容為黑暗的時代。那時，封建與迷信使宗教成了生活的基礎，信仰控制了人們的思想。一個民族要取得長足的進步發展就必須擺脫迷信，首先在精神上走出中世紀。與宗教所要求的虔誠信仰的精神生活相比，英國人睿智的頭腦在黑暗的中世紀有其頑強的表現，他們理性的求實精神最終戰勝了宗教蒙昧主義對塵世幸福的束縛和窒息。這種理性的求實精神反映到後來的工業經濟生活中，即使在工業革命之前的手工工廠時期，英國人就重實用甚於重虛榮。當貴族的奢華刺激著巴黎的化妝品生產和義大利的金銀飾品時，英國的貴族們卻鼓勵航海造船，向海外開拓商業市場。這使英國的工業一開始就成為生產型的而不是消費型的，提高生產效率的需要又呼喚出了產業革命，使英國成為了邁進現代工業社會大門的第一人。

在英美工商界，人們常常會發現這樣的現象，一位商業鉅子，經歷一生辛勞的經營，賺取了大量的錢財，他人也變老了，賺到的錢足夠他安享天年並能使後代過著舒服的生活。但是，當別人勸他退休而好好享受時，他往往會斷然拒絕，他會說那樣做是卑怯，因為，在他看來，錢，只要能賺，他就想賺。

但是，對英國商人來說，他賺錢並不是為了享受。在彌留之際，許多大的工商業鉅子並不把自己的錢遺贈給自己的孩子或親屬，而是損獻出來，給慈善機構或學校。他希望自己的後代一切從頭開始，靠自己的努力取得成功。

這些商業鉅子如此做也許並非出於什麼高尚的目的，也不能說他們一生的辛勞不是為了賺錢，而是他們把賺錢看成一種職業。英國商人認為，一生辛勞的意義並不只在於賺到多少錢，更重要的是賺錢這種行為本身。永不懈怠勞作，永不懈怠賺錢才是人生最主要的目的。

英國人的這種經商觀念不僅僅是出於個人的嗜好，而是英國商人深刻的宗教心理，並且，它構成了商人的倫理之一。

這種普遍存在於英國商人中的意識形態，決定了英國商人的行為過程，總是表現得非常理性，甚至到了呆板的地步。

英國人信仰宗教，一個人活著不僅僅是為了個人利益得失，而是為了增加上帝的榮譽。所以，英國商人們認為，人活著，最痛苦的莫過於遊手好閒，無所事事，真是要那樣，也就失去了存在的價值。即使是選擇職業，也只有那些正經的、能給社會和公眾創造利益的職業，才是上帝所欣賞的。對世人而言，能夠增加上帝榮耀的只能是個人在所扮演的角色中克盡職守，並獲得最大的成功。就商人而言，賺到或失去一分錢，關係到上帝榮耀的損益，因此，勞動本身就最有意義的事情，是人的一種天職。它是由上帝指派而又為上帝而做的。而且人們的事業成功並不是為自己受恩寵增加法碼，成功本身便是受恩寵的結果。做生意賺錢，符合上述要求，這就足夠了。

既然賺錢獲利是為上帝的召喚，各種賺錢的機會均出自上帝的賜予，那麼，商人就要利用各種方法大賺其錢。英國商人把賺錢看成是自我能力和價值的充分體現。他們不會放棄任何能賺錢的機會。

為了服從於賺錢積累財富的最高目的，英國商人在經營管理過程中，大都表現得非常投入，很少有其他雜念，在利益杠桿的驅使下，他們的經營行為很合法度。

如果是兩人以上合夥經營，英國人一定先擬訂詳細完備的契約，一切都嚴格按契約規定，履行各自的權利義務，不容有任何商量的餘地。

既然勞動是一種天職，人們只有透過具體的勞動及成功來感知上帝的恩寵並證明自己，那麼，人們在追求事業成功的道路上便不允許止步。因此，在任何情況下，英國人獲得再大的成功，他們也不敢居功自傲，他們在勞動中堅持理性辛勞，不受任何感情的騷擾。在他們心目中，唯有勞作而非悠閒享樂方可增益上帝的榮耀。因此，在這種思想的支配下，利用每一分鐘經營尋找每一個機會賺錢，便成為英國商人的倫理哲學。

既然勞作只是為了增加上帝的榮耀，那麼，便不是所有的職業都有意義，只有那些正經的、能夠促進和增加公共利益和個人利益的職業才能為上帝欣賞，相反，那些只出於感官享受而設的職業是沒有用的。這種職業哲學使得英國商人的經營事業被擺到了顯眼的位置，因為他們的賺錢事業最能看到不斷增加的效果，也最能排除除理性辛勞外的任何感情雜念，因而也最有用。以此為出發點，英國商人非常理性地講求功利主義，並且這在他們心中是最符合上帝意志的「優秀品質」。

6. 典型的實用主義者，賺錢最重要

能賺錢，對英國商人而言，比什麼都重要。為了這一目標，他們的思想一直保持在活躍和興奮狀態，從不在自己的面前設置人為的障礙。商業經營的主要目的便是追逐利潤，獲得錢財。在這簡單而又明確的目的下，一切等級、身分和地位都變得毫無意義。因為英國人認為商業領域並不是炫耀高貴出身和地位的地方，人人都要服從同一的逐利本能，一切人為的裝飾或標誌都要被除去。

英國有句諺語：不到橋邊不想橋對面的事，很容易讓人感覺英國人是目光短淺的人。其實不然。身為首相的張伯倫曾公開說：「生活在過去裡面的政治家是一個食古不化的人，生活在未來裡面的政治家是一個白日見鬼的人，我呢，我卻生活在正要到來的五分鐘裡面。」這就是英國人，靈活的實有主義者。他們不願在已經作古的過去和難以預測的未來中多浪費精力，而只是注重現在，在行動中形成觀念，所謂固定的觀念或主義只

是一種無用的累贅。

英國人之所以有這樣的性格，是因為他們認為思想是有規律的，可以推論的，生命則變化無常，不易預料，而所謂生命，是「一串列動的延續」，當生命的活動不能與邏輯的規律一致時，英國人常捨抽象的法則而服從實際的變化，因為生活中的各種變化，前後實難一致。因而，英國人的著眼點只在「實用」，任何事物多只講究的實際的功利，哪怕前後自相矛盾也無妨。

英國商人的這種性格，可以確切歸納為「靈活的實用主義」。對英國商人來說，實用是恆定的，具體處理事物則要採取靈活的手段，兩者相輔相成。一個人做事既要靈活，又要務實。具體到每個人的人生上，在英國，很少有人從小便為自己規劃好道路，他們總是變化著自己，隨時隨地演著各式各樣的角色。

英國人這種靈活實用的性格運用到經營商業上具有無比重要的意義，因為這最符合商業的特性和商人的特點。

在英國，一個電腦商因業務需要到波爾多時，他會立即變為一名酒商，因為波爾多盛產酒，販酒在那裡是一個非常賺錢的行當。他不會覺得這種變化本身有什麼失落感和背節之嫌，因為這並沒有耽誤賺錢，而是賺得更多了。細心的人很容易發現，專門經營一個行業的英國商人，幾乎難以找到，只要有賺錢的機會，他們處理問題的方法總是非常靈活，另闢蹊徑調頭的速度，也是快得驚人。

作為一個英國商人，很少有專營一項業務而致富的，他們總是時時在尋找時機、時時改變自己的經營方式和經營策略，在變化中實踐那永恆的目的 —— 賺錢。所以，當看到羊毛有利可圖時，英國人快速做出反應，大規模圈地，並形成一種運動；當看到海外有利可圖時，英國人又會迅速改變經營方式，迅速加入冒險和海外拓展的浪潮，並成為殖民大軍中的佼佼者。英國人所以能夠建立遍及世界的日不沒國，能夠同時和許多不同地區、不同種族的人打交道，正在於他們的靈活和適應性。

英國商人個個都是典型的實用主義者，但他們並不願總結出一套實用主義理論，而寧可讓別人去總結。他們不喜好理論，而只注重行動。這種實用主義的行動甚至影響了整個資本主義的經濟精神。

7. 合作即是共贏

英國商人的性格開放，特別是在講究快速、高效的現代文明體制下，英國商人更看重合作經營，更多採用委託代理制。

前店後廠、產銷一條龍、一人獨立包辦所有環節的傳統經營模式，最簡單也最古老。每個商人各自為政，他們親自去商品地購買所需物品，親自負責押送運輸，並親自買賣。他既是採購員，店老闆，又是店鋪夥計，一身兼多種角色。經營的全過程都是由他自己一人完成，風險自負，賺錢多少也全歸自己。這種經營模式只能存在於商業文明和科技文明不大先進的原始狀態下。時至今日，如果還有人死抱著這種模式不放，在英國商人看來，是愚蠢至極的。

第一，這樣賺錢的速度太慢了。由於一人承擔的角色太多，從資金投入到回收賺錢，環節頗多，週期漫長，即便真能賺錢，也不足以採納。

第二，商人單獨活動的範圍是很有限的。一個人的精力有限，當他開始經營一筆生意時，只能全身心撲在這上面，個人的時間和精力難以保證面面俱到，稍一疏忽，就會得不償失。其他機會也只好任其從身邊溜走。

第三，這樣做風險也很大，總是和冒風險賠錢相伴相隨。一筆買賣拖得時間太長，便會跟不上形勢的變化，往往達不到預期的目標，如果一步不慎便會滿盤皆輸。英國商人的理性思維占上風，認為外部環境瞬息萬變，任何一個不確定因素的出現，都可能產生不利於自己的結果。對此，英國商人的有效做法，就是減少中間環節，把風險分攤給其他的合作經營者。

因此，英國商人認為這種經營方式在商業貿易尚不先進的時代是能夠維持的，而在講究快速、高效時代，它不能適應新形勢的需要，尤其不能適應海外貿易的拓展。為適應新形勢，英國商人們便改變這種孤家寡人的經營方式，他們多實行合作及委託代理制，變一個人單獨經營為兩個或幾個人分工協作，把其中的某些環節委託合夥人代理。

在英國企業內部，各部門的功能設置和責任劃分，都非常詳盡，有的部門專門去外面購買商品，有的部門則負責押運貨物，有的部門負責銷售，他們幾乎把每個人都放在最有用武之地的環節上。企業老闆和各部門負責人之間，不再是單純的雇傭關係，部門負責人和下屬員工之間，也是形式不同的合作經營者。英國商人認為，這樣做雖然使得利潤要在合夥人及代理人之間分配，但是，他們也共同承擔了風險，不但使投資與收益之間的過程縮短，而且也降低了成本，提高了效益，增加了對地方市場的了解，還使得商人們遠距離的海外貿易成為可能。

由於實行了這種委託代理，英國商人即使足不出戶，也可以進行各種貿易。

隨著世界一體化步伐的加快，市場共有、資源分享的觀念，越來越深入每一個精明的商人心中。英國商人看準海外市場的廣大商機，把合作經營的理念進一步拓展，廣泛採取委託代理的新經營體制。

發展海外貿易，公認是最能賺錢的一種方式。但存在的許多困難是必須克服的。海外的環境，有別於自己過去熟悉的國內環境，不同的貨幣制度，不同的歷史文化背景，不同的自然地理條件，都有可能帶給經營行為巨大的影響。哪怕是長距離的貨物運輸，都是自己一時難以控制的，這樣，英國商人的代理商和代理商行，便應運而生。

雇傭本地人做代理商，明確雙方的責任和權利，嚴格按契約合約辦事。英國商人藉助代理商對本地環境的熟悉，可有效克服諸如文化、法律方面的障礙，保證了經營的快節奏、高效率。

時至今日，不少英國商人，派代理商去各地購買與銷售，代理商成了負責一個英商代理行的全權代表。

這樣，英國商人便和當地市場與人力直接聯繫起來。代理商熟悉當地的情況，因此，雇傭當地人作代理商最合適不過了。沒有人比當地人更熟悉那裡的情況，而且對方政府對本地人的限制也會相對寬鬆，更有利於貿易的正常進行，也可減少風險。這些本地人不但能夠克服法律和文化上的障礙，而且其代理費用要比本國的代理商便宜得多。

在歷史上，海外擴張時，英國就採取這種制度。代理行擁有自己的房地產，它既是貨棧，又是市場，也是軍事基地和關卡。設在海外的代理行有的只能在完全由地方當局所限定的一個很窄的範圍內活動，有的則可以深入內地，到各商品產地活動。但是，在近年來，英國商人往往是直接在國外找一個代理人充當代理商，採取分紅的方式付給報酬。

尋找合資的合夥人做代理商，的確是當今最快的賺錢法。不能不承認，由於歷史背景不同，東西方文化存有差異，我們擁有的許多優良品質，是西方人所不具備的，但說到商業經營，西方人的許多先進理念，也正是我們所缺乏的。要想有大的成就，就應當相容並蓄，善於學習和借鑑。

8. 用金錢來賺金錢

「錢能生錢」，是英國的一句諺語，它反映了英吉利民族善於用資本發展經濟的大智慧。合理使用金錢，用金錢來賺錢，這是經商之道的祕訣之一。

蒸汽機、海底電纜和電報的出現，使一切都加快了速度，作為一個英國人，不需勞動大駕，便可以迅速得到大洋彼岸的資訊，互相的聯絡只需一張電報便可以了。每個人，每件事情似乎都成了一架巨大機器上的一個齒輪，被帶動著迅速旋轉。快速帆船賽不過電波的速度，熟練的雙手比不過機器的轉動。在這個突然加速的世界，那些慢條斯理的舊商人慢騰騰的商業經營習慣再也跟不上時代的步伐。他們所引以為豪的長途跋涉能力、航海冒險能力以及積存大量貨物的能力已發揮不了應有的作用。

在過去，商人總是要保持大量存貨，保持貨源充足，而且需要長時間慢慢補進，有貨物便有一切。現在則要求商人存貨不多，補進較快且決定敏捷，他非但對於下一個月的可能局面，甚至對下一季的可能局面都不能隨隨便便不予注意，否則，他不是使大量商品過時積壓，便是得不到更有利潤的行銷商品。既然他們的最終目的不是據有商品，而是靠商品來賺錢，那麼，他們也要縮短用錢來生錢的時間，使作為中間環節的商品盡可能短時間在手中停留，如果不直接接觸實際的商品，那會更好。直接用錢來生錢，既使經營的過程簡化，也使賺錢的速度加快。

所謂的開源節流即是開闢財源，節約支出。開源本身使得企業不斷增加積累資金，而節流則會使資金相對增加，這樣可使一個企業的資金處於非常理想的迴圈之中。開源與節流是相輔相成的，不開闢財路，增加收入只是一句空話，而如果只注重開闢開源，而不注重財務管理，那麼，再多的錢也無法填滿無底洞。開源與節流並舉，才是一個企業走向輝煌的關鍵。

現貨轉手與期貨買賣便是適應新形勢需要的商業經營方式。它們最大的特點就是使具體的商品抽象化，商品純粹成了商人賺錢的一種手段，它成了一種符號。在雙方均未看到具體貨物的情況下交易，擺脫了商品的笨重和拖累，使錢生錢的過程更加迅速簡便，商品買賣有了股票交易的性質。商品交易的迅速恰好適應了新形勢下的變化。

就經濟數字而論，英國石油公司是英國有史以來最大的公司，在世界上排名第六位，它在整個英國經濟中占有相當重要的地位。在整個七〇年代，英國石油公司已經受兩次石油價格的衝擊，而且，石油輸出國組織還切斷了英國石油公司的石油供應。到了一九八〇年，英國石油公司的石油供應量由一九七二年的二點四億噸下降到一點四九億噸。但是，英國石油公司在挫折面前沒有氣餒，並很快激發起公司盡快開掘北海石油的鬥志。一九七五年，公司將福蒂斯油田投入了生產，從而在英國大陸架上開掘出第一批原油。油田開發得到了英國最大私人銀行集團三點七億英鎊的投資，這是該銀行有史以來最大規模的籌資。七〇年代後期是英國石油公司發展史上的一個里程碑。幾年時間，公司從傳統的單一的石油公司轉變成了一個地域廣泛的多樣化的企業。這些根基使得英油公司重新確定了其發展方向，煤、礦產、天然氣、營養食品、清潔劑、電腦體系、電報等經營活動都將和現有的石油和石油化工等經營活動一起在公司占據應有地位。

使投資獲得收益的中間環節可以是商品，可以是風險，也可以是各式各樣的有價證券。有價證券有好多種類型，主要的有股票、公司債券、國家公債券和土地抵押證券等。證券交易所以會吸引著狂熱的人潮湧進湧出，從口袋裡掏出大把大把的錢，正是因為股票本身的這種可轉讓性，股票成了一種簡便的「商品」，計價盤上價格的變動實際上就是證券這種「商品」價格的變動。人們在這裡可以迅速買進，也可以迅速賣出，可以大批購進．也可以小批購進。人們完全忘記了股票本身的真實含義，而把它當成一種可以賺到錢的東西。而且，證券本身完全拋除了其它實際商品所帶來的麻煩，使經營本身完全成了一種用錢賺錢的過程。買與賣的一切業務完全可以在這裡完成，而且無論買者與賣者只要帶著錢和頭腦來就可以了。所以，有著資本並願意賺錢的人寧可到這裡而不是其它地方。

投資保險業和銀行業是英國商人另外的兩種「以錢生錢」的商業經營方式。

保險業是以風險作為賺錢手段的經營項目。風險是人人要躲避的東西，而從事保險事業的人則善於迎著風險而上，他們在風險的動盪不安中看到了穩定的因素，而且風險越大，賺錢的機會也就越大。世界上每時每刻都可能發生不測事件，但同時卻有更多的事情都在平穩進行，正是在這種穩定與不穩定之間，保險商們找到了生財之路。

脫離任何意義上的商品而直接用錢生錢的事業莫過於銀行業。人們把餘款存入銀行，可以在銀行裡獲得一定的利息，而銀行則把零星的存款匯集起來對外借貸，從貸款人那裡獲得貸息，貸息與利息之間的差額便構成了銀行的利潤。

人們願意把錢存入銀行，因為這樣可以使多餘資金穩定升值。而企業願意向銀行借貸，因為所貸資本創造的利潤遠遠大於貸息。但是，社會上的直接借貸由於種種原因是很難實現的，銀行便利用自己的信用把借方與貸方持久聯繫起來，使資金處於永不間斷的流動之中，而銀行作為中間人也達到了「以錢生錢」的目的。

9. 與英國人打交道的智慧

英國人普遍具有紳士風度，每個人都有強烈的自尊意識，與之生意往來除了了解其社交習慣，還要注意到這一點。

英國人在與客人初次見面時的禮節是握手禮。英國男子戴帽子見到熟人時，有微微把帽子揭起「點首為禮」的習慣。英國人忌諱四人交叉式握手。據說這樣握手會招來不幸，因為四個人伸出的手臂正好形成一個十字架。如果初次見面被介紹給一位女士相識時，要等她先伸出手來握手，然後才可伸出自己的手。婦女被介紹時，不一定要伸出手來與人家握，可以施屈膝禮。但是，她們也常常伸出手來以示友好。男子在與女子握手前應該先脫下自己所戴的手套，而女子則不必如此。

在英國社交界，作為主體的男性，最不能容忍的失禮行為是對女性的不尊重。英國人的紳士風度，在很大程度上，表現為尊重女性，「女士優先」的社交禮儀，在英國暢通無阻。在大街上走路，與女性爭道，被視為缺乏教養的行為，出入電梯，也要禮讓身邊的女性先行。到了正式的酒會上，占據第一席位的大都是女性，斟酒也是從女賓開始。

在個人主義非常嚴重的英國，每個人都有強烈的自尊意識，都有純屬個人的生活空間，彼此見面，無論熟悉與否，都

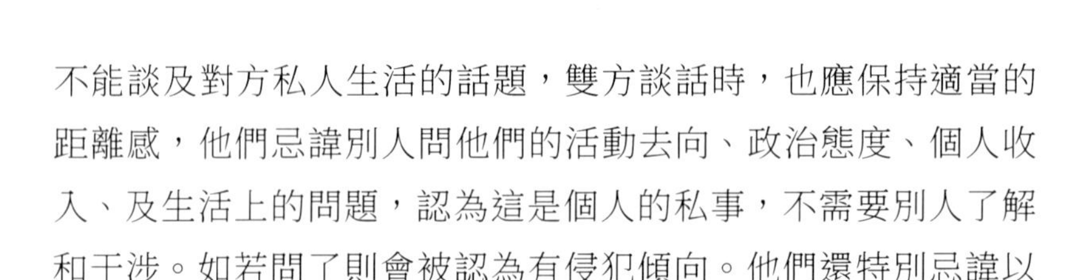

不能談及對方私人生活的話題，雙方談話時，也應保持適當的距離感，他們忌諱別人問他們的活動去向、政治態度、個人收入、及生活上的問題，認為這是個人的私事，不需要別人了解和干涉。如若問了則會被認為有侵犯傾向。他們還特別忌諱以王室的家事作為談笑的話題。

英國人不喜歡別人佩戴條紋領帶。他們不喜歡別人稱他們為：「英國人」，因為「英國人」原意是「英格蘭人」，並不能包括蘇格蘭人、威爾士人或北愛爾蘭人，因此，應稱他們為「不列顛人」，這一稱呼會使所有英國人都感到滿意。

此外，還要注意不要說：「英格蘭的女王」，尤其在威爾士和蘇格蘭更不能如此說。要說「女王」或正規稱「大不列顛及北愛爾蘭聯合王國女王」。

和英國人交談時，注意不要議論愛爾蘭的前途、共和制和君主制的優劣、喬治三世、治理英國經濟的方法以及大英帝國的崩潰原因等政治色彩濃厚的問題。安全的話題是天氣、英國的繼承制度等，這些話題在任何場合談論都不犯忌。英國人和別人談話時，不喜歡距離過近，一般以保持五十公分以上為宜。

作為客商，切忌隨意以名字稱呼英國商人，除非他明確要求客商這樣做。原則上以稱他們為「某先生」、「某博士」，對已婚婦女可稱「某夫人」，對未婚女子則稱「某小姐」。稱呼有爵位的對方人員，如法蘭西斯·狄更斯時，要稱「法蘭西斯爵士」，不能稱「狄更斯爵士」。進行社交式的家庭訪問，一般不遞送名片。

英國人與對方交談時一般都保持著一段較遠的距離。交談時雙手插在口袋裡被英國人認為是不禮貌的。英國人在談話時常常不注視對方。他們也忌諱用手捂著嘴看著別人笑，認為這是一個嘲笑人的舉止，是一種失禮的行為。講話時，不要做過多的手勢。指出某物時，不要用手指指點，可用點頭來表示。要注意體語。坐著時將腳踝蹺在膝蓋上會被視為不禮貌的。在表示「勝利」這一記號時（兩個手指呈「V」形），要將手掌心朝外。輕拍你的鼻子，意味著「絕密」或「祕密」。在公共場合碰觸別人是不恰當的，甚至拍打背部或將一隻胳膊架在另一人的肩部，都會令英國人感到不快。

對於剛開始合作的生意夥伴，英國商人也有相互宴請的習慣。如果自己受到邀請，應遵守相關的禮數，特別是對參加宴會的女性，切不能失禮。同時，自己也應展現矜持和風度，不談工作上的問題，又不能因與工作無關，就表現得過於放肆，甚至連過分的熱情都在禁止之列。

英國商人參加商務約會，一般都很準時，因此，赴約切忌識到。但是，參加社交活動則不必那麼嚴格，他們沒有德國人那麼刻板。如應邀出席雞尾酒會或社交晚會，最好在規定時間過後片刻再抵達，否則，你可能會發現，在十分鐘內你是唯一的客人，然後才有其他賓客陸續前來。當然，如果是正式宴會，則宜在宴會開始前一兩分鐘到達。

宴請英國客人，除了一定要請對方的女友外，還應注意對方的飲食習慣。英國人喜歡甜、酸、略辣口味的菜肴，愛在用餐時食用水果。酒更是必不可少的，無論是啤酒，還是較烈的威士忌，他們都喜歡。

很多英國人對東方文化都有好奇之心，甚至很多人對中國茶藝情有獨鍾，如果在宴請對方時，配上頂級的紅茶，對方一定會非常高興。

很多英國人都是虔誠的基督教徒，用《聖經》人物做成的圖案，在該國很受歡迎。所有英國人都忌諱「十三」和「星期五」，如果湊巧兩者為同一天，就會被視為兇險萬端的日子。通常情況下，英國人在這一天不工作，不舉行大型活動，假如不慎觸到這一禁忌，後果將不堪設想。

在顏色方面，英國人忌墨綠色，認為這種顏色會讓人沮喪。紅色表示凶兆，黑色代表死亡，也是英國人所不喜歡的。倘若是不慎送了上述顏色的禮物給對方，只能適得其反。

圖案方面，英國人認為山羊、黑貓為不祥之物·認為大象象徵愚蠢，孔雀代表淫穢，百合花代表死亡，所以，這些動植物圖案，都應避免出現在與英國人交往的場合。

他們稱紅胸鴝為「上帝之鳥」，把紅胸鴝定為英國國鳥，作為圖案，也是大受英國人歡迎。另外，薔薇花象徵和平友愛，狗是人類忠誠的伴侶，它們的圖案也是英國人所喜愛的。

第六章

法國商道：永遠做時尚的引潮者

世界人民看法國人，看到的基本上都是法國式的浪漫情懷，幾乎看不到一點商人的味道，但在世界經濟強國的排名中，法國卻名列前茅，這當然要歸功於法國商人獨特的商道智慧。法國商人有昔日拿破崙時代的帝王霸氣，也有今天瀟灑浪漫引領時尚潮流的無限風情。貴族式的尊貴、情人式的浪漫、平民式的親切，加上表現個性的前衛和聯繫實際的商品意識，是今天法國商人獨有的魅力特色。

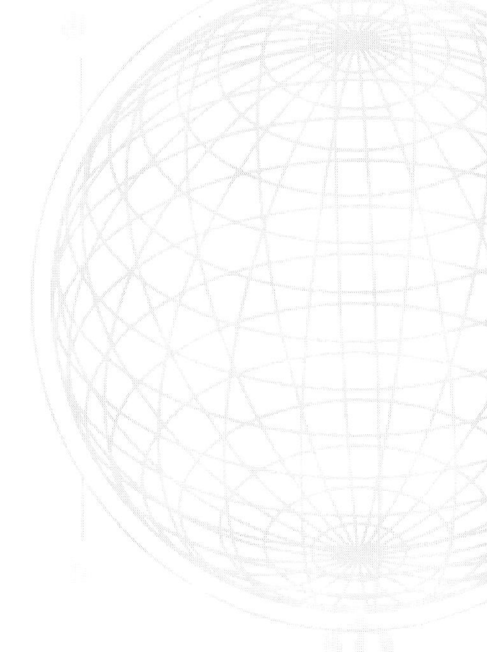

1. 騎士風度的浪漫情懷

法蘭西既是歐洲的經濟強國，也是世界上的經濟強國，法國人的經商之能，當然毋庸置疑。然而，這個神奇而又美麗的國家，以及這個國家的人們，留給世人最深的印象，仿佛與做生意賺錢沒什麼關係。

法國處於歐洲的中心，地勢平坦開闊，呈「開放型」，因而，法國人最基本的性格特徵是飽含激情，瀟灑浪漫。多少年來，滄海桑田，斗轉星移，居住在法國領土上的人逐漸形成了「法蘭西民族」。在拉丁語中，「法蘭」是勇敢、自由的意思。法國是一個藝術氛圍非常濃厚的國度，建築、音樂、繪畫、文學，都曾誕生許多獨領風騷的偉大作品。在這塊土地上，曾哺育了伏爾泰、盧梭、孟德斯鳩、巴爾札克、大仲馬、雨果、塞尚、羅丹、畢卡索等流芳百世、赫赫有名的思想家、藝術家、大文豪；誕生了像拿破崙、戴高樂那樣英勇善戰、叱吒風雲讓全世界刻骨銘心的英雄式人物；也有過被推上斷頭台的路易十六、毀譽參半的菲利普·貝當……

法國是一個美麗的國家，艾菲爾鐵塔、凱旋門、塞納河畔的香榭麗舍大道……無數名勝吸引著世界各地的人們。每個到過這個國家的人，可以為艾菲爾鐵塔的壯美和尼斯海灘的旖旎風光而心曠神怡，可倘徉於羅浮宮、凡爾賽宮的藝術氛圍之中而欣賞其獨一無二的典雅與瑰麗，可以品嘗著白蘭地體驗浪漫……

法國這些留給世界人們的印象，似乎真的與經商沒多少關聯。或許在法國，也只有馳名世界的的時裝，和高雅馥鬱的香水，能讓人感到法國人與做生意賺錢有一絲的聯繫。但對於那些活生生的、隨處可見的法國人，他們卻是一團永遠也很難解開的謎。

就連法國人自己也未必都能讀懂自己。著名的歷史學家、政治家托克維爾就曾為自己的民族下了這樣的斷語「一個固守原則、本性難移的民族，同時又是一個想法和愛好變化無窮的民族，最後變得連它自己也感到意外。」

但事實遠非如此，任何一種現象都不可能孤立存在，法國商人的性格特質，和上述所有的東西，根本就是水乳交融的。

在漫長的中世紀，法國貴族化的生活長期占據主宰地位，即使是平民出身的傑出人物，也無不以躋身上流社會為榮，甚至在言行舉止方面，也刻意模仿上流人士的風格，從而使整個國家逐漸形成一種普遍的傾向，進而成為規範，對民眾產生約束之力。

「騎士風度」，即是由法國宮廷衍生，逐步向全法國延展的獨特產物，是法國貴族化傾向的文明標準。現實生活中，甚至文學作品裡，騎士風度也受到法國人廣泛的讚美和首肯。久而久之，這一精神特質滲透於法國民眾的內心深處，即使在現代文明體制下，也是法國最具典型意義的群體性格特徵。

所謂的騎士風度，是由具體的儀態、禮貌、道德等範疇綜合而成的行為規範。通常情況下，法國人都很矜持浪漫，前者近似於英國紳士的高高在上和傲慢，後者含有平民化的個性張揚和情調刺激。與英國商人把賺錢積累財富看成神聖之事不同，法國人的性格更加奔放自由，受金錢和財富的束縛相對要弱得多。

鑒於「騎士風度」的影響，長期以來，法國商人皆以恭敬婦女、崇尚婦女而自豪。他們一向以「殷勤的法國人」而著稱於世。即使在今天，所有具有良好教養的男人仍舊恪守這些禮儀，否則便會被恥笑為沒有教養的粗人。

在一般人的頭腦中，對法國的印象就是「浪漫的法國，浪漫的巴黎」，要問究竟「浪漫」在什麼地方，也大多是從電影上的愛情故事中得來的和從許多文人墨客的筆下讀到的。法國人的確是浪漫的民族，可這種浪漫並非我們通常所理解的羅曼史，迷人的故事和善說情話的法國人只是「浪漫」的小插曲而已。法國人的浪漫是一種感性的精神境界，自然恣意又不受拘束。縱情的大笑、瘋狂的狂歡、無止境的暢飲、隨心所欲的穿著都是其中的圖像。而法國人最大的浪漫莫過自行其是的逍遙，用流行的詞語來說就是「休閒」。

法國人崇尚個性浪漫的群體特徵，和沿襲久遠的騎士風度有關，和由古至今的沙龍文化也有關。在現代文明社會的沃土之上，法國人的瀟灑浪漫更是得到充分的培育，並滲入社會生活的所有層面和角落。表現在法國商人的身上，也同樣非常明顯。

因為強調個性，所以法國商人的行為準則，很少受理性責任感的束縛，而充滿隨意性。

法國時裝和法國香水馳名世界，絕非偶然，而是各種綜合因素相互作用的必然結果。最根本的原因，在於法國人崇尚個性的浪漫，追求生活的品質和品味。

「騎士風度」與浪漫個性交融成今天的法國性格，浪漫的氣質和隨意作風，使法國商人不拘泥於固有的法度。豐富的想像力，尤其能幫助他們在困難時期產生神來之筆，讓人拍案叫絕。然而，在企業的日常管理之中，他們也有可能因一時的疏忽大意而釀成無法估量的損失。

2. 享樂第一，工作第二

有人說，消費也是一種投資。與英國商人一樣，法國商人同樣喜歡賺錢，但賺錢的目的，是為了改善自己的生存狀態，提高自己的生活品質。對法國商人來說，賺錢彷彿僅是自我目標的一小部分，而且絕不是最重要的那一部分。像英國商人那樣一輩子勤儉節約，以積累巨額財富為榮的職業商人，在法國是不可思議的。甚至可以說，法國商人白天辛勤工作，就是為了滿足夜間能錢包鼓鼓去過更富刺激、更加浪漫的沙龍生活。

沙龍文化，稟承中世紀法國上流社會奢靡優雅的風格，同時在浮華、排場、享樂之中，滲入文學、藝術的因數，使參與其中的每一個人，自覺從語言、舉止諸方面規正自己，適應公眾的品味，魅力經久不衰。

十七世紀末期，朗布依埃侯爵夫人是巴黎社交界最耀眼的明星。她出身高貴，家庭富裕，在貴族階層很受歡迎，許多人都把與之交往視為莫大的榮幸。不僅如此，侯爵夫人早年孀居，不但貌美異常，還學識卓越，許多客居巴黎的學者趨之若鶩。優裕的生活、開放的性格、特殊的身分地位，使侯爵夫人居住的羅浮宮旁聖托馬大街的公館，每至華燈初上，總有無數名流蜂擁而至。其中，當然不乏政界要人、商界巨賈、文學巨匠和學界名人。無論是地位崇高的社會名流，還是功勳卓著的藝術大師，都是受人尊敬的。他們雲集於朗布依埃侯爵夫人的公館，形成了第一個沙龍中心，從此之後，沙龍文化在整個法國風靡並蔓延開來。

時過境遷，法國人仍痴迷於沙龍文化之中，雖然談話的內容和方式較之過去有了極大的改變，但作為消遣和娛樂的最佳方式，人們對沙龍文化的鍾情卻有增無減。

法國人愛休閒遠勝於愛工作，休閒如同自由一樣是他們追求的美好事物。

看一看法國的日曆，我們就會了解這個民族多麼喜愛形形色色的節日和假期，法國人一年的假期有三十六點五天。工作時間則越來越短：從一九六〇年的每週工作四十五小時，減至現在的三十七點五小時。工作年限也越來越短：從一九六九年參加工作平均年齡十八點三歲，退休年齡六十二點四歲，分別變成一九八九年的二十歲和五十九點一歲。有事沒事請請假也是常事，多是「泡」病假。每逢重大節日，全國上下一致停工，甚至許多旅店、餐廳、咖啡廳、酒吧的主人也放棄賺錢的大好時機，忙中偷閒出去休閒。若是碰上只間隔一兩天的節日，那麼假期就會串聯起來，常常會整週放假，法國人把這叫做「架橋」。平常的兩天休假日加上時不時一些小節日，早已使法國人養成了喜歡輕鬆而沒有負擔的生活方式。每當假期來到，法國人就匆匆放下手中的一切，或是打點行裝出去度假，或是在城市四處閒逛，或是到海濱去領略自然風光……總之，他們絕不肯輕易放過這個機會，而不惜放下學習，放下工作，也放下生意。

法國商人也毫不例外樂意享受任何假期和節日的樂趣，生意和休閒互不侵犯。特別是每年八月，那時的法國幾乎是一片寂靜，全國的大放假也把商人的心放了假，什麼誘惑在法國商人心中都比不上外出度假或和家小享受天倫之樂，甚至當七月的最後一個星期來臨時，他們就已經把別的心思移開了，那時的他們可能正在琢磨最好的休閒去處和最浪漫的休閒方式。他們的輕鬆和對休閒的留戀情緒往往能延續到正常工作開始之後。他們絕不會吝惜花費在休閒中的時間，對他們而言，這無所謂得失，因為這是他們的傳統，是他們生活中牢不可分的一部分，他們甚至不去想這樣做是否會妨礙自己的贏利，他們認為理所應當的事是沒法用他人的標準來衡量的。

幾年前，法國報紙上曾登了一組漫畫，藉狗來諷刺法國人「享樂第一、工作第二」。畫面上，那條小狗星期一顯得疲憊不堪，星期二無精打采，星期三無動於衷，星期四蠢蠢欲動，星期五眉飛色舞，到了星期六、星期天呢，興高采烈、張牙舞爪。真是入木三分，形象到了極點。

春天是娛樂季節，夏天是度假季節，秋天是罷工季節，冬天是聖誕季節。法蘭西民族是一個天生就會享樂的民族，這與他們浪漫的本性是分不開的。

一九九二年，法國的一家出版社出版了一本《更好的生活》

的書，向人們傳授怎樣去享受，解答了一千個有關養生之道的問題，銷量極好。法國人對修身養性、鍛鍊身體、駐顏留容十分在乎。年輕體壯意味著魅力、工作和金錢。他們在吃喝玩樂、穿著打扮、追求享樂方面的認真態度遠遠高於上班工作。

法國人愛冒險、愛刺激。像什麼徒手攀登、高空跳落、滑雪賽艇是法國人獨占鰲頭的體育項目。

法國人吃、穿、用講究名牌、老牌，講究「瀟灑時髦」。一般的家庭每週都要去一次餐廳。據法國有關方面調查，法國有各種餐館、咖啡館近三十萬家，其中有富麗堂皇的豪華餐館，也有大眾化的速食屋；既有供應正宗法國大菜的傳統餐館，也有供應地方風味或異國風味的家鄉餐館。

如果一個人既無學歷，又無工作，更無財產可繼承，那他怎樣去生活呢？於是，就有了在「十個法郎面前人人平等」的賭票業的先進。法國人在玩彩券、猜賭票、賽馬等賭博遊戲上樂此不疲，簡直到了瘋狂的地步。

法國人追求享樂，迫使他們努力工作賺錢來滿足他們的消費欲望，客觀上，這種做法刺激了法國經濟的發展。

3. 女士優先，賺女人的錢

無論是法國根深蒂固的騎士風度，還是法國沿襲已久的貴族生活風尚，或是方興未艾的沙龍文化，長期以來，法國人在社會活動中，男女有別的觀念，都早已深入到每個人的骨子裡面。在法國，女性享有特別的優待，是不爭的事實。英國商人講究紳士風度，在公開場合禮敬女性，雖然也是事實，但他們對女性的尊重，畢竟是有條件、有限度的，亦即受具體環境和相處物件的制約。在法國，女性優先蔚然成風，而且無處不在。

在法國社交界，除極為特殊的情況，都應把陌生賓客先介紹給女性朋友，女性在與男性交往時，只有她先把手主動伸出來，男子才能伸出手與之相握，否則，男子不能主動與之握手，只宜點頭致意。在男女初次見面時，女子可以不與男子握手，點頭致意即可。當然，若是女主人，情況就不同了，一般都會主動伸出手來表示對客的歡迎。

在社交場合，除一方年齡或地位與對方很懸殊時，應先把年少的介紹給年長的，把地位低的介紹給地位高的以外，均應先把男子介紹給女方，然後再把女子介紹給男方。

參加舞會時，男子若是帶有女伴，應該先帶她去見女主人，然後與她跳第一場舞。舞會期間，男子應處處照顧女伴，最後還應該請女舞伴跳末場舞，然後領她一起去與女主人告辭，並將她送回家。

在飯店，男女可相約在一起吃飯或是男子邀請女子去吃飯。進門時，男子應走在前面為女士打開大門；如果需要自行尋找座位時，男子應走在前面為女士找好座位並幫女士把椅子挪好。坐定後，男子一般要先征得女士的同意後方可開始點菜。進餐時，與侍者的一切交涉一般都應由最初點菜的人負責。餐畢，男子應照顧女士穿戴整齊，然後，為女士打開大門，請女士先行。

無論在汽車、電車還是火車上，上下車時都應是女子先上先下。上車後，男子要設法先為女士找到一個位子，然後再為自己找個靠近她的座位坐下。如果在女士的近旁找不到合適的座位，就應該站在她的身旁，以便隨時保護她。一句話，無論何時何地，男子均有照顧婦女的義務和保護婦女的責任。

其實，從法國最享盛譽的時裝和香水，也能得知其以女性為中心的社會特徵。無論是在家庭、職場，還是各類社交場合，男性的時裝，除了西服、休閒裝兩大類，很難有更高明的設計。所有的時裝，絕大多數是為女性所設計的。香水同樣如此。法國男人也喜歡香水，甚至超過世界其他國家的男人，但歸根結底，仍不及女人。人們甚至很難說清，法國時裝和香水的馳名，是基於商業傳統，還是得益於法國女性在社會生活中享有的優越地位。

不管怎樣，法國商人還是把賺錢目標鎖定在了女人身上。寬大的「T」字形走台上，風姿綽約的模特兒用她們優美的曲線最大限度表現著設計師的個性創作。隨著閃光燈的頻頻曝光，我們看到的是設計師自信的笑容，聽到的是他們預言家似宣告來年的世界時裝流行趨勢。然而，我們看不見、聽不到的卻是錢、錢、錢。各大時裝公司利用傳播媒介大造聲勢，使本公司旗下的設計師所設計的服裝有最充足的曝光率。連篇累牘的專欄文章，鋪天蓋地的宣傳廣告，渲染吹捧的名人訪談，這一切消耗的不是紙張，也不是感情，而是大把大把的鈔票。那些沒有大公司撐腰，卻不乏個性和創造力的時裝設計師就湮沒在這鈔票的汪洋之中。

於是，這世界，只有錢成了最有個性的東西。當然，在女人身上賺錢是法國商人的一個法寶。談及法國商人，就不能不想到把時裝風範帶給法國人自己和全世界人民那些服裝商業神話中的藝術大師們。如果沒有法蘭西民族濃郁的文化藝術傳統為底蘊，巴黎是不會出現那些才華橫溢、盡顯本色的時裝大師，也就不會出現獨領風騷的法國時裝。

或許只有在法國，時裝業才會被納入政府文化部的管轄範圍，將一門產業用如此特殊的形式提升到文化藝術的高度，受到如此尊崇的對待，恐怕也只有唯美感性的法國人才做得出來。然而在時裝界也存在著這麼一個特別睿智的悖論：在時髦與商業之間，時裝大師們游刃於高級時裝與大眾成衣這兩個涇渭分明的陣營中，從容體現著法國商界的不同層面。

另一項賺女人錢的法寶是法國香水。

據說，最初香水的發明者和早期製造者，竟然是在陰暗簡陋的工作間裡和那些散發難聞牲畜味的髒皮打交道的臭皮匠。他們最初是為了做帶香味的羊皮手套，後來他們把目標向上層社會追趕時髦的婦女身上轉移，為製造一種迷人的味道給女人，臭皮匠們創製了爐火純青的香水提煉技術。他們沒有想到，在以後幾個世紀的發展中，香水成了今天法國商人賺女人錢的重頭戲。

法國是世界上最大的香水和化妝品出口國。自從 1990 年以來，法國在香水和化妝品方面的出口一直占該行業世界貿易的百分之三十五左右，遠遠領先於美國。在其出口產品中，百分之四十五點六為香水，百分之三十七點八為美容化妝品，百分之十一點六為洗漱用品。法國產品的出口對象主要是歐盟各國，約占百分之四十九點九；其次是歐盟以外的歐洲國家，約占百分之十二點一；再其次是亞洲，約占百分之十一點二；對北美的出口約百分之十點三。法國該行業的出口歷年保持較大的順差紀錄，一九九四年的順差達兩百一十七億法郎，從而使該行業成為法國第三大貿易順差行業。去年，法國香水和化妝品產業實現六百多億法郎的產值，較上一年增長了百分之四點五。儘管近年法國香水面臨來自北美和亞洲國家的巨大挑戰，法國香水在世界獨領風騷的局面並沒有改變。

尊重女性體現了法國人的騎士風度和浪漫個性，賺女人的錢體現的卻是法國商人的經商智慧和性格的一面。

4. 做世界服裝潮流的領頭羊

在法國，讓法國人引為自豪的除了象徵著法國的瑰寶及精神的羅浮宮和艾菲爾鐵塔外，屈指數來的就是法國的時裝。所以談到法國人，就不能不提到法國的時裝，因為時裝已經成了法國的一種商品象徵和文化象徵，讓世界各地的服裝潮流都以巴黎的風尚馬首是瞻。

高級時裝一直是法國時裝的代名詞，多年來都以其精湛的藝術品質和高貴的消費群體主宰著世界時裝潮流的動向。每年，在世界各大城市中，來自巴黎的高級時裝展示會、新聞發布會林林總總不下百場。然而無論是前來觀摩的新聞記者、時裝評論家、生產廠商，還是設計師本人，在內心都把這些展示看作是服裝藝術的聖地、是整個時裝王國的心臟，它需要立意創新或懷舊回歸，需要大膽前衛或精緻細膩，而唯一不適用的就是適合市場。因為這是為了藝術，為了把法國的藝術象徵帶給世界，讓世界的時裝舞台耳目一新，為了展示一種流行的價值觀念。

皮爾·卡登是法國時裝界中的佼佼者之一。所以說到法國時裝就更不能迴避皮爾·卡登為他的事業經營起來的「卡登帝國」。

皮爾·卡登在五〇年代白手起家，至今已經成為法國最有傳奇色彩的人物之一。當記者問及他的知名度時，他說：「我在戴高樂、布麗姬特·巴鐸（著名電影明星）的時代之後，位居第三。」這絕非誇大其辭，如今在世界八十多個國家內，大約有六百家工廠和企業製造「卡登」牌和「Maxim」（譯為「美心」）牌的各種用具，從時裝、香水、傢俱、裝飾品之流到建築大樓、汽車、飛機……，幾乎一切有形的東西都被包羅在他的巨大帝國中。

皮爾·卡登從服裝業起家，他以自己豐富的想像力和了解市場需求的能力一次次設計出新穎奇特的時裝，他的時裝以樣式新奇、做工精細、質地華貴取勝。四十年來，他始終是法國時裝界的先鋒派人物，他對記者說：「我已經被別人罵慣了，我每次創新時都受到辱罵，但是罵我的人常常學我所做的東西。」卡登的服裝業早已成為法國時裝和世界時裝的先驅。隨著他的知名度與日俱增，他的帝國也開始從時裝的原形中伸展出來，走向各種邊緣產品，除了高級男裝外，他還開始經營童裝、手套、圍巾、鞋、帽，還有手錶、眼鏡、打火機和化妝品，並且逐漸在國外獲得了經營許可權。

皮爾·卡登之所以能拓展自身品牌的一個奧祕就在於他敢於打破傳統，為他人所不敢為。他最早提倡轉讓設計和商標，進行利潤提成（一般提成率為百分之七至百分之十）的經營方式。這也是先從時裝業起步的，由於銷售的高級時裝售價昂貴，售量有限，所以卡登把自己的名字以專利權方式轉讓給一些大規模製造成衣的廠商，利用他的名字或設計的知名度，結合大批量的生產，使銷售數量直線上升。如今他已經把這種經營方式延伸到各個領域，但他只允許「最好的產品」擁有他的品牌標誌，目前全球約有八百四十餘種不同產品以「皮爾·卡登」為品牌，產品種類之多讓人嘆為觀止。一九八八年時有估計，以卡登品牌為標記的產品總價值在全球已經達到十二億美元，卡登從中可以抽取近七千五百萬美元的「名義費」。

現在的卡登帝國在全世界有三十家時裝店，五千多家零售店，僅巴黎就有近三百家，有八萬多名工人在各地的工廠車間直接或間接為他工作，他甚至擁有自己的銀行，並且有一個私人碼頭。但卡登帝國的基礎始終是服裝業，所有其他的產品包括美心餐廳在內都是在卡登時裝這個原品牌之上的延伸。正是有時裝業這個鞏固而又堅強的支柱為後盾，和卡登對自己的品牌高度的創意性和大膽的靈活性為指導思想，才會有這個讓世人矚目的龐大帝國的存在。卡登帝國體現出了在法國以產品為陣地的網路化銷售觀念，在皮爾·卡登身上也體現出法國商人藝術、個性與商業視覺的絕妙結合。

對於那些以自身產品為命脈的法國商人而言，推陳出新是不斷進取，進行自我挑戰和市場挑戰的優勢策略。對那些經營進貨產品的商人而言，以新求勝就意味著特別注重商品或產品的新穎性，以新、怪、奇、多招徠消費者。

打破傳統，推陳出新，這是皮爾·卡登成功的奧祕。其實法國時裝每件時裝猶如一件藝術作品，針針線線無不凝聚設計大師的智慧與創造。在巴黎，每年均有「巴黎春夏時裝博覽會」和「巴黎秋冬時裝博覽會」。這是世界上最受矚目的時裝盛會，引導著全世界的服裝潮流，這不僅能吸引世界眾多女性的眼球，而且還影響著人們對於流行的觀念，帶來豐厚的商業收益。

5. 以世界為市場

在法國，「商人」這個概念是沒有局限性的，每一個人都有著商人的思維與氣質，這種思維並不一定體現在你爭我奪的市場競爭中，也不一定回饋在唇槍舌戰的談判席上，它們滲透在法國人的意識之中。二戰之後，法國商人和其他先進資本主義國家一樣，開始向發展國外，以世界為市場，向國外直接投資，建立跨國公司，從而形成從國內到國外，從生產到銷售，包羅萬象的規模龐大、財力雄厚、技術先進的跨國壟斷體系。

不過，法國的跨國公司在經濟實力和投資規模上和美國、英國、德國和日本比起來要略遜一籌，但它們卻總是有種後來者居上的勢態，揚長避短、深謀遠慮，可謂是它們經營中的優勢。近些年來，法國的跨國公司在第三世界國家、特別是拉丁美洲的成就與發展令人不得不刮目相看。

法國政府和其跨國公司的聯繫十分密切，政府不但大力支持本國跨國企業的發展，而且自身也是一個積極對外直接投資者。法國政府對外投資是全方位的，對於股金、技術設備和企業管理都是統攬全域來加以考慮的。跨國公司在國外的「投入」側重於先進技術和現代化企業管理而不是股金，這一點是法國與其他先進國家海外投資的一個最顯著不同。美國往往是利用資金優勢，採用強硬手段占取多數股權，有一種經濟霸權主義的氣勢；法國恰恰反其道而行之，透過掌握技術領導權、管理權、銷售權等軟性手段來加強合作和控制，一方面達到了目的，另一方面也受到所在國的歡迎和看好。當然，法國跨國公司的經濟實力比較薄弱，也決定了它們不能急於求成的現狀，特別是在西歐及美國的跨國公司，一般說來更是不敢輕舉妄動，而是採用有效的「滲透」戰略，按步就班擴張和發展。

法國的國有跨國企業占據了相當大的比重，許多以前由家族集團創立的私人企業也在先後的國有化運動中被政府接收。歐洲共同體的存在和發展，也加速了法國跨國公司的發展，法國國內壟斷公司和公司之間的合併與集中，同樣加快了這種進程。

汽車工業是法國工業的支柱之一。法國的汽車產量約占全世界汽車總產量的十分之一，僅在汽車工業中就業的人員就有一百多萬。汽車工業從七〇年代初開始，逐步形成了國營雷諾汽車公司和寶獅 —— 雪鐵龍公司壟斷的格局。

雷諾汽車公司是法國最大的國營工業集團之一，同時是一個生產多樣化的國際大集團。其前身是創辦於一八九八年的雷諾工廠，在第二次世界大戰後被國家接管，成為國家直接調控下的跨國企業。雷諾公司下屬主要控制的公司有阿爾皮納一雷諾汽車公司、雷諾發動機發展公司、雷諾工業與汽車信貸發放公司及工業擴張金融公司。該公司自七〇年代開始向國外拓展，主要目標是拉丁美洲、東南亞、南非以及西班牙、比利時、葡萄牙、南斯拉夫、羅馬尼亞等國家。公司在法國本土就擁有一百一十八家分公司，在國外有八十九家子公司，一九九〇年時雷諾公司的總資產高達兩百三十四億美元，雇傭的職工人數逾十五萬，其在國外的營業額占公司總營業額的一半。

寶獅 —— 雪鐵龍公司是法國最大的私人企業，也是世界最大的汽車製造企業之一。它在全球各地擁有三百多家工業、財政和貿易公司，在國外的分公司有八十多家。一九七六年九月三十日，寶獅汽車公司與雪鐵龍汽車公司合併，一九七八年十二月二十一日，美國克萊斯勒汽車公司將其在歐洲（法國、英國和西班牙）各分公司的汽車製造與銷售公司併入了該聯合公司，構成了現今規模的主體。寶獅—一雪鐵龍集團（PSA Group）是一家股份制公司，其主要股東是寶獅汽車公司、雪鐵龍汽車公司、寶獅腳踏車公司、銀行金融公司、汽車出租與運輸國際公司。

寶獅 —— 雪鐵龍公司的註冊資金高達六百三十億法郎，它在一九八九年的規模如下：擁有十六萬雇員，總贏利達一百五十三億法郎，年產車輛兩百二十多萬輛，在法國本土的市場占總市場的百分之三十三，在歐洲市場上的銷售額占總量的百分之十二點七。PSA 公司十分注重挖掘產品的深度和廣度，在細緻入微的市場調研前提下開發新品種，公司的汽車以品質良好、性能卓越而深受好評，自一九九三年起，公司確立了成為歐洲汽車市場的領導人的目標，因此，它把視線更多投向世界市場內的其他國家。

航空航太工業是法國的第三大工業，也是在世界上名列第三的工業。這一工業在第二次世界大戰以前就已經十分先進，但在二戰中受到了嚴重的破壞，戰後國家花費了巨大的人力物力資源重建，使之又恢復了舊日的輝煌，各種技術水準和生產能力都處在世界的前列。

除了自成體系的汽車業和航空航太工業外，在其他行業中也有一大批出色的赫赫有名的跨國企業，比如法國石油公司，它與其子公司、分公司和參股公司共同組成了托塔爾石油集團，是法國最大的石油聯合企業，營業額也處於世界前六位。還有法國奇異公司，創建於一八九八年，自六〇年代以來，發展迅速，在吞併及購買了大量股份之後，已經發展成為法國最大的電氣和電子工業壟斷集團，同時也是世界最大的七家電氣電子工業公司中的一員。

此外，在紡織品工業、化學工業、建築業、金屬業乃至出版業都有許多叱吒風雲的大公司，它們已經構成了法國國內經濟和對外發展的中堅力量。

6. 銳意求新，廣而告之

當今世界，善用廣告策略的商家多如牛毛，各行各業的廣告鋪天蓋地，隨處可見。廣告策略已經成了商家搶占市場必不可少的重要武器。懂經商的人都知道，花在廣告上的錢並不白花。

法國作家魯古蘭寫了一部小說，無人問津，他靈機一動，在報上登了一則廣告，「本書作者魯古蘭是百萬富翁，未婚，他所希望的物件，就是本小說中所描寫的女主人公」。一天之內，他的書便被未婚少女搶購一空。

世界聞名的科澳克白蘭地每年向全世界近兩百個國家和地區出售上億瓶白蘭地，只此一項貿易，每年就能為法國賺取五十多億法郎，但廠商一直都堅信，好酒要好廣告，其每年投入廣告的費用就高達十億法郎。法國最大的廣告主是標誌——雪鐵龍公司，在一九九一年，該公司投入的廣告費就達二點三四億美元。在競爭激烈的社會中，效率最高、影響最大的推銷辦法就是廣泛做廣告。法國商人善用廣告是眾所周知的，他們講究「錢要花在刀刃上」，出一份錢得出的廣告就必須是成功的，這在一定程度上也帶了巨大的壓力給廣告商們，使得法國的產品廣告更是花樣百出，讓人眼花繚亂，回味無窮。

法國有許多家傑出的廣告商，他們有的專業性較強，擅長於做某類產品的廣告；有的則與某種傳播媒介有特別密切的關係。法國廣告的設計歷史講究標準化和多樣化兩種風格。他們要使一個產品在整個歐洲站住腳，就採取標準化策略，即廣告的基本風格和主要部分在整個歐洲保持不變。

「廣告之父」拉斯克早在二〇年代就發表過一番議論，說廣告公司實際上並不代表製造商，而是代表了消費者。如今看來，這番在當時頗有些忤逆的言論卻是十分易於理解的。產品定位已經成為廣告策劃中不可缺少的一個戰略部分。定位的前提是市場調研，法國商人可謂深諳此道，在為產品設計出一個形象之前，先確定它在人們心目中占據的位置，在此基礎上才會孕生出滿意而且有效的廣告來。

法國商人為產品選擇的定位是突出在消費者心中的形象和強調相對於競爭對手的優勢。按照英國的一位著名廣告創作師的看法，所有廣告做出的承諾都是圍繞人的九種欲望中的一種或幾種而發的，這九種欲望就是自我保養、愛他人、自我表現、羡慕、怠惰、縱欲、貪吃、自豪和貪婪。這就是所說的研究動機的方法，其中的九種欲望雖然不夠完全，可基本上代表了消費者的諸多心理。在法國，在一些同類產品眾多、內在差別微小的行銷商中，往往都會按照對消費者的心理定位來設計產品的形象，並以廣告的形式表現這些形象。這在一定程度上加深了對品牌的側面宣傳效果。

法國人的想像天才和藝術情趣常常在一個個獨具匠心的廣告中發揮得淋漓盡致。布勒斯坦為 ROSY 婦女內衣廠設計的廣告，已經成了法國產品廣告中的一次創舉，一個成功的力作。當時是在六〇年代，ROSY 只是一個只擁有幾名女工的小廠，布勒斯坦用他的藝術匠心為該廠設計了一幅廣告：一位雙臂環胸的裸女，體態優美，構圖簡單，整幅廣告看不到產品的一絲影子，只是在她環抱的臂彎之間有一支初放的玫瑰。這個廣告一出現就轟動了整個法國，以它獨具一格的純美氣息和藝術感染力打動了法國婦女，最重要的是它使一個在夾縫中求生存的小廠變成了歐洲婦女內衣業諸強中的一員，ROSY 的鮮花從此深深植根於法國乃至歐洲女性的身上。

法國商人在使用定位策略行銷時注重產品的真實感，所以在他們的廣告中是不會看到什麼「譽滿全球」、「銷量第一」之類的語言，因為這在他們看來，都是虛偽、毫無價值的。他們的定位就是要「到位」，要用消費者的心理打動消費者，確實有種「曉之以理，動之以情」的人情味。因此，在同類產品的眾多競爭（包括廣告競爭）中，也沒有彼此之間針鋒相對的那種比較型廣告，以把競爭對手明裡暗地的貶低來抬高自己的地位，這在法國商人眼中是不可理解的。他們的定位策略是相對於直銷、硬銷而言的軟銷策略，比較容易被消費者接受，這種方式常會喚起目標受眾的共同要求和共同心靈感應，而導致他們的購買行為。

法國商人也十分注重廣告媒介的選擇，他們認為這一點往往對廣告效果的影響很大。法國的廣告媒介有報刊、招貼、電影、廣播、電視和直接廣告幾種。一九八三年，法國廣告費用總額為二十九點二億美元，其中雜誌占十四點一億，電視占四點五億，招貼占三點七億，直接廣告占二點五億，廣播占二點三億。其中可以看出，雜誌是刊登廣告最多的地方，在行銷全國和許多其他歐洲國家的法國期刊中登載有大量的商業廣告。法國的報紙在廣告業中就沒有雜誌那麼受寵，它不是全國行銷。生意人十分注重選擇適當的雜誌以形成自己的讀者群。

充分利用電影院每次放映間播的廣告機會，是商業廣告無孔不入的又一特徵。因電影院遍布全國，各電影院又都可以預訂映登廣告，因此登廣告人完全可以做到地理上和時間上的集中。

7. 經濟自由才有資格談其他自由

生存，是人最本能的需要。當理性社會越來越露骨把生存的狀態和財富簡單對等起來，人類潛在的金錢欲望也就日益直觀。富蘭克林曾經用非常明白的話告訴美國人，誠實、守時、勤奮、節儉都是有用的美德。之所以有用，是因為它們可以帶來金錢，「時間就是金錢」，「信用就是金錢」，「金錢能生金錢」，「善付錢者是別人錢袋的主人」。對美國人來說，這些通俗的口號每一句都是一顆糖衣炸彈。

講求理性、含蓄的法國人當然不會如此貪圖功利，但內心對財富的嚮往絲毫不亞於美國人。

追求高品質的個性化生活，按理來說是人類普遍的傾向，但鑒於歷史背景的差異，和現實生活條件的制約，這種傾向，即使是在歐洲經濟高度先進的現代文明國家，也不是每個人都能實現的。相較而言，嚴謹的英國人、刻板的德國人，就少了法國人的浪漫激情，久而久之，他們在計畫自己的個人生活時，也多喜歡隨著主流而動，極少標新立異。

其實，我們只需換個視角來看就不難發現，在法國確實有一大批人在用他們具體的商業行為來實踐他們抽象的商業思維理念。在他們身上，商業不是一種簡單的低價買進、高價賣出的趨利行為，思想也不是停駐在書本上的某種理論流派，或是用來指導具體商業實踐的經驗指南。在思想與商業之間，並不存在著理論對實踐的指導問題，也沒有孰俗孰雅的道德困惑，有的只是那種從善如流的面對，那種把「腐朽」與「神奇」皆淡而化之的從容。

法國人個性不羈，喜歡追求自由，很多人認為首先經濟上自由了，才能談得上其他的自由。

法國哲學家伏爾泰就是一個非常有經濟頭腦的人。他繼承了父親的一筆遺產，又從國王那裡得到一筆兩千法郎的年金，在銀行家巴里斯兄弟的幫助下，伏爾泰把這筆錢全部用於投資生意。一七二九年，政府發行了一次計畫不周的彩券，伏爾泰趁機把所有的彩券都買了下來，狠狠撈了一把。以後，他又不停到處投資，購買國家獎券，在普隆比爾礦裡投資，擁有一家造紙廠和一家包裝廠的大量股份，同時還由巴里斯兄弟出面合夥走私軍火。

伏爾泰一向認為，文人如果沒有獨立的經濟實力，就會失去精神的自由。守著微薄的遺產和靠不住的政府年金，總有一天會坐吃山空，因此只有放下架子，靠自己發財才有出路。在這一點上，伏爾泰又一次顯示出他與盧梭的不同。盧梭把金錢看作是對自由的束縛，斷然拒絕國王賞給他的一份年金，伏爾泰卻把金錢當作是自由的前提條件，先積累財富，然後再研究學問。

科爾貝是路易十四王朝的財政總督，他的一個著名的致富口號是：「國家要強大，首先在富有」。為了使這個簡單的道理對法國人更具誘惑力和說服力，科爾貝頗費了一番口舌，他說：「只有黃金和白銀才能帶給國家富足和各種必需物。哪個國家的國民所開辦的工業吸引的黃金和白銀數量越多，這個國家就越富有。」

科爾貝的重商主義就是以這樣的理性邏輯推理開始的，而且在制訂整個國家的經濟政策過程中，科爾貝始終遵循著同樣的理性主義精神。

所以金錢只有和這種自豪感聯繫在一起，才對法國人有說服力。

8. 與法國商人打交道的智慧

同處歐洲的法國和英國，在歷史上有極深的淵源，社會風尚和民族性格也有頗多相通之處。但是，不可否認，正是兩國的一海之隔，才使英國深處島上，法國卻置於大陸中心。此一地理差異，使孤居海上的英國人孤傲而又自恃。法國卻不同，特別是巴黎，向來都是歐洲政要、名流匯集之地，具有很大的包容性。當英國倫敦的紳士還拘泥於自我優越之時，巴黎人卻接納了更多的外來者，同時也在外來者的影響下，默默改變著自己。

法國商界盛行握手禮。被介紹與人相識時，通常都應握手致意，與此同時，法國人常常會說：「先生，幸會。」，以示歡迎，外商如以同樣方式作答，自然使對方高興。但是應注意：告辭時還要與已被介紹過的所有人逐一握手告別。

與法國人商談時如作自我介紹，通報一下自己的姓名以及於所在公司擔任的職務即可。

法國商人的民族自豪感很強，有時甚至有些自傲，「沙文主義」這個詞出自法國絕不是偶然的。法國人在談判中，常常喜歡流露出「老子天下第一」的情緒。他們的天性是比較開朗，而且非常重視交易過程中的人際關係，因為他們有著注重人情味的傳統。他們總是小心謹慎試探性的小額訂貨，在尚未互相成為朋友之前，他們從不與你做大筆生意。

在與法國進行商務交往中，切忌隨意以名字稱呼對方，除非對方要求，人們一般只稱「先生」、「夫人」或「小姐」，而且無須加上對方的姓。如果事先不知道某一位女士是否已婚，通常應該稱她為「夫人」，而不能稱她為「小姐」。對年齡較大的單身婦女通常也宜以「夫人」相稱，以對其年長表示尊敬。對老年婦女不可稱其為「老太太」，當地人視此稱呼為一種汙辱性的語言。向法國同事介紹或提到自己的妻子時，不要稱她為「太太」，而應稱為「我的妻子」。在法國，只有年長者或職位最高的人，才有權首先表示喜歡別人用名字稱呼他。首次拜訪法國某公司，應主動向對方接待人員或行政祕書遞上自己的名片。

法國商人崇尚個性張揚，追求高品質生活，衣著打扮充分顯示個性。在他們看來，衣著代表著一個人的修養、身分與地位。法國商人總是想從衣著方面先聲奪人，以奢華的氣勢來壓倒談判的對方。因此，在這種談判場合，為了不使自己相形見拙，應盡可能穿上最好的衣服，打份得華而不俗。

法國人的時間意識是單方面的。在商業交往中，他們自己經常遲到，但他們卻總能找到一大堆冠冕常皇的理由加以解釋。如果客商由於什麼原因而遲到，他們就會冷淡接待你。所以，在和法國商人交往時，不要遲到，否則難以被原諒。

在法國不宜選用英語作為商談語言。法國商人與客商進行商務談判時，即使他們能講英語，他們仍會堅持用法語來商談。

在談判時，法國人喜歡聽人家聊一些關於社會新聞或文化藝術方面的話題，充分顯示了他們浪漫的天性。

法國人在談判過程中喜歡先為協議勾畫出一個輪廓，然後再達成原則協定，最後才確定協定上的各個方面。

法國人簽訂合約與德國人不同。德國人要嚴謹審視每個條款後才肯簽字，而商業作風獨特的法國人則在協議條款的百分之五十達成時就簽字了。在他們看來，一些次要條款完全可以在合約執行過程中雙方協商解決，因此協議經常被要求變更。

法國人十分注重交貨的準時性，尤其是季節性較強的商品，交貨期更是在達成交易時重點討論的話題之一，如夏天用的草地毯、海灘席，要求對方必須趕在四五月分到貨，耶誕節用品在九十月分到貨。

法國人舉辦沙龍的習慣蔚然成風，現在。社會的發展進步，沙龍文化的延展，是情理之中的事情，但無論是居家環境裡的沙龍，還是社交界形式的沙龍，初加入者，都應事先有所準備，切不可唐突和魯莽。

法國人寬容幽默，與法國商人合作，最忌過於計較，應盡力避免生硬死板，缺乏生氣。解決問題的方法，在任何情況下都不可能只有一種，我們所要做的，就是尋找最合適的解決方法。

此外，在歐洲，法國是一個歷史悠久的國家，在漫長的歷史積澱中，該國國民形成了相對穩定的風俗傳統，與他們合作做生意，還要了解一下他們日常生活中的一些社交禮儀和禁忌。

和眾多信仰基督教的歐洲國家相同，法國人最忌諱的數字是「十三」和「星期五」。一定要避諱。

在顏色方面，法國商人忌諱墨綠色，因法國在第二次世界大戰期間曾被納粹德國的軍隊占領，墨綠色容易使人聯想起當年著墨綠色軍裝的納粹分子。法國人平時對黑色的使用也比較謹慎，他們一般以黑色用之於喪禮，遇喪事，人們送葬時穿的衣服、繫的領帶、戴的禮帽、披的圍巾及面紗，都是黑色的。

法國商人偏愛藍色，把藍色看成是寧靜和忠誠的色彩；對粉紅色也較為喜歡，認為粉紅色是積極向上的顏色，給人喜悅之感。法國人視鮮豔的色彩為時髦、華麗、高貴的象徵。在法國東部地區，流行男孩穿藍色，少女穿粉紅色。法國人以色彩表示味覺時，甜味用橙黃，酸味用綠色，苦味用黑色，鹹味用青色。

圖案方面，法國人忌諱孔雀、仙鶴和菊花圖案，因為他們認為孔雀是禍鳥，仙鶴是蠢漢和淫婦的象徵，菊花則是喪花。法國人也不喜歡核桃和杜鵑圖案。對任何可能與納粹德國產生聯想的圖案，也在被禁之列。

法國人樂於見到公雞和鳶尾花圖案，他們視公雞為國鳥，尊鳶尾花為國花。法國人歡迎抽象型的圖案，喜歡在禮品包裝上使用聖誕花之類的圖案，習慣在酒的標貼上採用花和麥穗的圖案。

第七章

德國商道：最高明的生意來自於信守承諾

說起德國和德國人，人們往往要想到賓士或 BMW 汽車，兩次世界大戰，猶太人集中營，貝多芬美妙的音樂與「只適用於打仗」、聽起來像下水道裡發出的聲音的德語……總之，美好和醜陋、高尚與邪惡，居然能夠這麼鮮明集中體現在這一個民族身上！二戰之後，作為戰敗國的德國和日本一樣，經濟發展極為迅速，目前國民生產總值已經將近英法兩國國民生產總值之和，是歐洲第一大經濟實體和世界第三大經濟實體。這或許和德國人一絲不苟的工作態度有著直接關係吧。

1. 讓人刮目相看的日爾曼民族

十六世紀德語才逐漸開始定型，到十九世紀德國方才統一。德國的領土只有法國的三分之二，資源貧乏，但就是這樣一個歷史不悠久、國土不廣博的國家，卻能一次又一次從廢墟中站立起來，在歐洲和世界舞台上發揮著重要作用。這一切都會使得世人，哪怕是最不喜歡外國人的人，也不能不對德國人刮目相看。

德國人也被稱為德意志人，他們是日爾曼民族。人們在研究德意志民族和文化時會發現，德國留下多重的印象給人：邦國鼎立，四分五裂的德國；哲學家、思想家活躍的德國；童話世界的德國；音樂巨匠輩出的德國；幾經興衰的德國；對人類文明造成浩劫的德國。在人類歷史的發展進程中，德意志民族留下的一頁既令人欽佩，又使人深感痛心。它在哲學、文學、音樂、藝術等領域不僅為自己而且為整個人類造就了一代代巨匠偉人，猶如燦爛群星，光輝奪目。

然而近代歷史上，德國人最能讓世界刻骨銘心的卻是兩次世界大戰和足球。

近代史上的兩次世界大戰帶來了觸目驚心的災難。有點巧合的是，德國在兩次世界大戰中，都扮演著不太光彩的角色，尤其是第二次世界大戰，納粹德國在惡魔希特勒的率領之下，使歐洲乃至全世界的善良無辜之人，飽受邪惡戰爭的摧殘。

德國的足球屬於外來品，德國人低下傲慢的頭，坦然接受這一英國紳士發明的遊戲時，歐洲大陸的其他國家對足球早已不足為奇了。儘管德國人接受足球比較晚，但他們自從接受這種文化以來，卻取得了其他國家難以企及的輝煌成就。提及德意志的足球戰車，沒有人會等閒視之，即便是德國足球陷入低潮的二〇〇二年，世人稍不留神，也會讓他們摘去了世界盃亞軍的桂冠。

德國經濟崛起的奇蹟，也和足球有些類似，德國作為兩次世界大戰的戰敗國，經濟發展受戰爭毀壞的程度遠甚於其他國家，但他們重建的速度是如此驚人，這是否也像足球一樣，有什麼內在的祕密呢？

德國人給人的印象就像是一群方下巴的機器人，他們講的德語仿佛就像下水道裡發出的難聽聲音；而德國造的汽車，其性能又遠遠超出別國品牌，德國足球隊也很少輸球，所有這些東西似乎都無可爭議。

然而在這一切表象的背後，這個民族顯然對自我全無把握，既不清楚如今的地位，也不明了前途方向，甚至如何走到今天這一步也含糊不清。為了在世界的不安定中尋求逃避，他們一方面依賴於秩序與系統，依賴於政府與聯邦銀行，另一方面則退而陷入精神憂慮、精神分析和高層次文化生活。絕不可以針對這些憂慮冷嘲熱諷。

就德國人而言，生活是由兩大部分組成的。即公眾生活與私人生活。公眾生活領域包括職業、政府、商場與官場；私人生活則事涉家庭、朋友、愛好與假期，二者截然相反，適於其一必不適於其二。在人前板著面孔按規矩辦事是當今社會的要求，而私下裡，平日隱藏其中的怪僻卻比比皆是。

你要是位國外來客，首先遇到的幾乎肯定是公眾生活中的德國人，而後就可能再也無緣看到其餘形象了。這一事實可以解釋為什麼德國在海外的大名全是關於香腸，全是啤酒。

由於兩德統一已然實現，即使那些對外國並無恐怖情緒的人也不免要為世界未來擔憂。不過，德國人本身對外國人的害怕，並不及懼怕外國對自己有任何不良印象那麼大。畢竟，德國經濟倚重出口貿易。

德國哲學家尼采曾經寫道：「德意志人的靈魂首先是多重的、多源頭的、混合重疊的，而不是實實在在建立起來的。這是由於它的起源……德意志民族是個多部族的最特殊的混合，因此，德意志人比起其他民族來，對他們自己就更為不可捉摸、更為複雜、更為矛盾、更為不可知、更難預測、更令人吃驚，甚至更為可怕……德意志人的特點就是，『什麼是德意志人』，這個問題在他們當中始終存在……德意志人自己並不存在，他處於形成之中，他在發展他自己！」

從歷史的角度來看，他們以生活的需要為軸心，自由開放，縱橫奔波，國家難以約束他們的精神行為。特別是德國商人，開闢生意，謀取利潤，四海為家，並不知道應該為某地區和某人群集團獻身，或奉行愛國主義。

值得讚譽的是十八世紀至十九世紀初的德意志被稱作「詩人和思想家」之國。這種民族與文化形成尖銳對立的現象是德意志民族和文化的特點之一。這些文化巨人被德國人尊為「民族英雄」來崇拜。於是一提及德國，便會聯想到德國的諸多文化巨人，不確切的說，他們的形象比德國的歷史更燦爛，已經成為全人類的瑰寶。

在德國這片思想活躍的土地上產生了眾多哲學流派，湧現了一大批影響世界思想界的哲學家，比如萊布尼茲、康德、費希特、謝林、黑格爾、費爾巴哈、叔本華、尼采……

德國文學也是大放異彩，很多文學家聞名世界。比如：萊辛、歌德、席勒、施勒格爾、格林等等等。

音樂王國的鉅子有世界人民所熟悉的：巴哈、韓德爾、海頓、莫札特、貝多芬、韋伯、舒伯特、孟德爾頌、舒曼、布拉姆斯、史特勞斯。

德意志民族曾經孕育的眾多音樂天才，為人類奉獻了許多馳名世界的音樂作品，以至到目前仍被世界人民所欣賞，實在是值得讚嘆的。

德意志民族在歷史的長河中還造就了一大批優秀的科技鉅子。

舉世矚目的諾貝爾獎自一九〇一年開始頒發，分設物理、化學、生理或醫學、文學以及和平事業資金。一九六八年增設了經濟學資金。截止到一九八七年，全世界共有一百五十五人獨得或分享了此項殊榮，其中有六十八位德意志民族的精英。早在第二次世界大戰結束，在四十五名諾貝爾物理獎獲得者中，有十人是德國人，在四十名諾貝爾化學獎獲得者中有十六人是德國人。

2. 服從是第一責任

對於外人來說，德意志民族複雜而又深邃，神祕而又遙遠，他們的美德和靈魂都隱藏在那些德國思想家浩瀚無邊、深不可測的作品之中，外人哪怕窮盡所有的智慧和精力，也很難真正把握住德意志靈魂的真諦。但是對於德國人來說，他們通常認為他們這個民族是一個謙遜樸實、甚至平凡普通的民族。給他們一瓶啤酒，一根香腸，些許安閒時光，再加上一位可與之爭論政治話題或者傾吐生活壓力的哀嘆的德國同胞，他們就心滿意足了。既不貪婪，也不寄望於不勞而獲，付起帳單來更是準時。他們是一群簡單而誠實的百姓。

他們雖然作為手工業者、思想家、教師、主人和僕人，老老少少總是在忙忙碌碌，但是全然沒有感情，對生活、對美人以及聖潔都無動於衷。

了解德國人的人都知道，德國人有一個共同的特質，那就是德意志人常常浮現出一張刻板冷峻的面孔。翻開一本德國畫冊，人物眾多，動態靜態皆有，誰都為畫的生動而讚嘆，但人物的面部沒有一個是開心的笑容。這是現實的寫照。德國人嚴肅冷靜，從容鎮定，似乎他們永遠處變不驚，不善喜形於色，不愛喜笑顏開，總之，普遍板著一張刻板的臉，直面生活，行事匆匆。

與浪漫奔放的法國人截然不同，德國人的臉上很難綻放笑容，而在冷峻的面孔後面，是嚴謹得近乎呆板的生活作風。德國的生活是嚴肅的，任何事物都是如此。只要出了柏林，即使幽默故事也不是什麼可笑的東西，如果你想說個笑話，你可能要首先提交一份書面申請。

德國人按規矩行事，因為生命是嚴肅認真的。席勒寫道：「服從是第一責任。」從沒哪一個德國人疑心這句話的可靠性，因為它符合他們對秩序和責任的認識。德國人痛恨違紀行為，它使生活陷入困境，因為凡屬沒有明文規定可以做的事照例全都是禁止的。如果允許你抽菸或是在草地上散步，肯定會有一塊牌子曉喻周知。

德國人凡事皆講究務實，很少刻意強調外表的浮華和形式的新穎。在衣著方面，德國人把追求得體作為第一要務，崇尚樸實大方。就連居家用品，他們也是把實用、牢固作為最重要的審美標準，寧可失之笨重，也不追求表面的華美。

總是陰沉著臉的德國人，讓人望而生畏，許多人因此斷言德國人處事缺乏熱情，其實，他們走入了另一個認識的死胡同。在德國，倘若你不熟悉道路，隨便找一個人打聽，德國人總是非常認真負責幫你指點，如果恰巧是他也不知道的，他也不會扔下問路人不管，而是向別人請教後，再回頭來告訴你，直到你滿意為止。

德國經濟能夠在兩次世界大戰戰敗的重創之下迅速恢復元氣，與該國國民深入骨髓的嚴謹認真的工作作風，有著必然的聯繫。德國商人的責任心，是世界上少有人及的。無論在何種情況下，德國人都保持著特別清醒的頭腦，能分清事物的主次，始終採取有利於大局的策略，而且絕對嚴謹認真、一絲不苟。

其實從德國人購物這件事上就能看出德國人的特點來。因為德國人任何時候都十分冷靜，也十分惰性，所以他們買東西先要看廣告，如果沒有廣告，也必須先看說明，這些東西一旦使他感興趣，他才接觸商品。否則，這種商品與顧客便無緣。

所以德國人做生意往往最頭痛的是廣告。產品一經投產，便投入緊張的廣告研製中。廣告不中意，產品不敢露面。一條成功的廣告價值不可估量，最擔心的事也是廣告平庸而引起人們對產品的反感。德國商家特別注重廣告創意。他們認為：第一個把姑娘比做鮮花的人是天才，第二個將姑娘比做鮮花的人是庸才，第三個將姑娘比作鮮花的人那就是蠢才了。廣告創作最忌拾人牙慧，千人一面。平庸的廣告是「信不信由你」，而出色的廣告是「不由你不信」。

德國人的職業生活中，全身心投入：工作就意味著你不能在中年時放棄會計或是電腦工程，轉行去飼養蝴蝶或者接受香味治療。若產生了類似心理變化將慘遭辭退，因為你是個不堪重用、不值得信賴的人。

德國商人的嚴謹和刻板，和善於投機取巧的日本商人正相反，這當然有其不足之處，但對信奉中庸、作風隨意的東方人而言，缺少的也許正是這股力量。踏踏實實，有條不紊，也是走向成功的一條路徑。倘若我們與之合作，能吸取其性格優勢，強化自己的工作作風，也不失為美事一樁。

3. 上級身先士卒

在德意志民族的性格中，最為突出的是他們榮譽感。德國人為了追求一種榮譽，「引無數英雄競折腰」，躋身於上層的巨富、官員、科技大師，沒有一個不是以極大的犧牲精神，孜孜不倦為榮譽而獻身。他們的人生除了獲得榮譽外，其餘的便是一汪艱辛，並不像人們想像的那樣，他們實現了普通人可望不可及的物欲和精神欲。

德國生產的高度社會化、專業化，嚴格遵守統一標準。一個工廠的產品或一項工程建設專案，會涉及幾十個、幾百個，甚至上千萬個企業部門，而且會涉及企業的內部的許多生產環節。要使這樣一個複雜系統協作生產出高品質的產品，就要正確制訂和貫徹許多人員的管理條令，技術的運行標準。只有這樣，才能使企業生產有所保障，完成這一舉措需要優秀的管理人才。在這個燃燒的熔爐裡，也冶煉出真正的管理人才。

德國經濟已經形成格局，企業管理水準非常高，即使一個小型企業，也照樣管理出一定的水準。那麼能夠作一名領導人員是天才的體現，一個被崇尚者。這不只是他的榮譽地位，更重要的是他所發揮的作用令人尊重和敬慕。這一位領導人才要步入其職位已經歷了苛刻條件和嚴格篩選，他必須是高學歷、高素養，有較好的實踐能力和經驗，一般從普通打工做起，他飽嘗過被管理的滋味，體驗過管理者的作用，才有資格。就任後又經過試用，的確力搏群雄，有較強的競爭實力，才能夠正式就位，不斷鞏固自己的位子。有朝一日，又一位強手超越他，他心服口服讓位。

德國的官員和企業領導人，有三分之二人的休假少於根據法律或合約可以享受的假期。德國企業領導人員一年平均只休十八點五天，他們每週不折不扣工作五十五個小時，還不包括他們帶回家裡做的工作。德國經濟和社會政策研究所的調查報告稱，只有百分之十七的各界領導人完全使用他們的休假權利。

幾乎所有娛樂場所和度假村以及旅遊勝地看到的盡是普通的雇員和其他社會中下層人士在「瀟灑走一回」，而高貴的上層人士則每日心弦緊繃，來去匆匆，忙得焦頭爛額。他們不是迫於壓力，無奈而為，無暇消遣，而是把獻身和勞頓當作上層人士的驕傲。既然躋身於此，就必須做出成就，不惜一切代價以成就體現自我的價值，一種榮譽召喚他們勤奮，刺激他們勤奮，同時也在褒獎他們的勤奮。

德國人本身的勤奮，舉世矚目。德國大眾汽車公司創始人、世界著名的汽車設計大師波爾舍在設計大眾汽車造型期間，在倫敦的圖書館裡因日久天長的走動，竟在地毯上留下自己深深的腳印。他是勤奮的典範。

那麼作為領導者，獨繫公司的命脈。勤奮可見一斑了。但德國的上層人士，不論行使何種領導權，光靠勤奮是不行的。他的競爭殺手鐧是管理藝術，絕對不會日復一日開開會，碰碰頭，研究討論，喝酒吃飯……值得借鑑的是德國人會少，開會是實實在在解決問題的事情。如果將諸多人聚集在你的面前，聆聽你長篇大論的報告，凡與會者又與你報告的內容沒有直接和具體的關係，聽後令人失望，這是犯法的。你在巧取豪奪別

人的財富 —— 時間。

所以，我們完全能想像出上層人的勤奮。作為身居要位的領導者，時刻如坐針氈。有任務指標壓來，有監察系統監督，有競爭者挑戰，有失去榮譽的危險，有成功的渴望，有建功立業的雄心，還有輿論界、對立派那雙犀利的眼睛，如何不苦？

不止如此，德國人在國外工作也同樣具備這種勤奮的精神，體現自我的價值觀令他們無論身在何處，都同樣一絲不茍工作著。

4. 時間就是金錢

守時體現一個人做事的信譽，惜時體現一個人做事的態度和緊迫感。只有用心做事的人，才是可能守時又惜時的人。

對於商人來說，時間就是金錢，這話一點都不假。德國商人守信用，講效率，是因為珍惜時間，德國人守時像鐘一樣準。

走進德國，你會發現德國人因珍惜時間而令人尷尬的事情時有發生。如果你想聯繫公務或訪問朋友、熟人，均應事先電話或者信函聯繫，約定時間。德國人不贊成打一個冷冷的電話來安排約會，這樣做很少能收到積極的答覆。即使在好友間亦應如此，否則，你找到他，他會毫不客氣將你拒之門外。如若因故不能屆時赴約，你應當及時打電話通知對方，並致以歉意，這對對方已經是損失，因為對方根據與你的約定，安排了其他時間，你的變動有可能使他計畫打亂。盡量不要做變動約定的事，這會使德國人非常反感。特別是工作之外的時間，屬

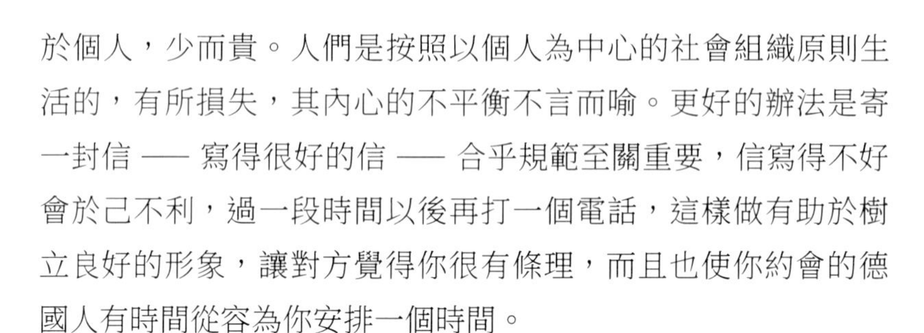

於個人，少而貴。人們是按照以個人為中心的社會組織原則生活的，有所損失，其內心的不平衡不言而喻。更好的辦法是寄一封信 —— 寫得很好的信 —— 合乎規範至關重要，信寫得不好會於己不利，過一段時間以後再打一個電話，這樣做有助於樹立良好的形象，讓對方覺得你很有條理，而且也使你約會的德國人有時間從容為你安排一個時間。

在德國有一條不成條文的準則，那就是出席會議和社交活動一定要準時，而且這條準則被視為互相尊敬的表現。和德國商人做生意，雙方約定好時間談判，如果你遲到了，哪怕一分鐘，他就有可能因此而中止與你的生意。無故遲到被德國商人認為是缺乏組織性，若是經常性的遲到，則會被視為性格的缺陷。有的美國人喜歡開會遲到或是提早離開，讓別人覺得自己極其忙碌或是非常重要，這種作法在德國完全行不通。在德國商人看來，你的遲到就是侵占他的時間（他等候的時間等於你的侵占），這是侵權，是不公正，那麼談生意便沒有信心。

明智的做法是：不要在一天之內安排盡可能多的約會和邀請，而是應該在中間為自己留一些喘息的時間。這樣，你就有富餘的時間到達目的地。而更為重要的是，這樣會給人留下好印象。德國人經常提前到達地點，然後繞著建築物轉圈，就像等待著陸的飛機一樣等待約定的時間，以便「準點到達」。他們也希望你能這樣做。如果約定時間，他提前到，表示對你的尊重和喜歡，相反，你提前到，他便感受了你的情義。

德國人喜歡贈送禮物。在友好交往中，他會送你一些充滿文化色彩，顯示高雅，又不太貴重的東西做禮物。然而德國人送禮物是禮尚往來，泛泛之舉，如果他告訴你：我今天的某段時間給你，由你支配，這可是最珍貴的非一般饋贈。

在德國做生意，德方的朋友能夠陪你吃飯，帶你參觀旅遊，隨你的意願而支配他的時間，那麼對方已對生意做出投資，如果精確計算的話，此舉是會增生效益的。

大部分德國公司的上班時間從上午八點半到下午五點。在辦公室裡，守時的美德僅次於忠誠，但只有老闆才早來晚走。大多數德國人下午五點鐘準時收工。加班被視作承認自己能力不足。除非你自願晚來晚走，或者早來早走，這種做法稱作彈性上班時間。

在德國你會看到這樣一個怪現象：繁榮的市場，並不是德國消費者的購物天堂。豐富多彩的商品上市，一個全日制工作的人員買不到東西。因為你上班，商店也上班，你未下班，商店已關門。一週雙休日，商店也休假。多數人深感不便，於是呼籲商業系統延長營業時間，但德國商人並不贊同。

充滿勃勃雄心和好競爭是德國人工作中應有的態度，表現出來就是緊張工作，他們絕不會每隔二十分鐘就悄悄溜出去抽根香菸、讀讀報紙。

德國公司嚴格遵循議程召開會議，以免浪費時間，因此他們需要大量、長篇的議程。

德國人的守時，據分析緣於普魯士精神，是一種傳統現象。歷史上普魯士是個軍人和官僚的國家。它是靠壓制人性而鞏固政權的。強權的國家要求民眾高度井然有序，守時，守紀律，講效率，否則重罰；要求軍隊和百姓絕對服從國王，嚴格履行義務，否則殺頭。這樣的強權國家在軍事和外交上取得節節勝利。於是普魯士精神逐漸成為德意志形象的一部分。

其實最重要的還是現實：科技高度先進，社會分工越來越細，整個社會組織得像個巨大的鐘錶，各零件各司其職，每個齒輪都按預定的時間到達準確的位置與其他部件嚙合，久而久之，人們習慣高度遵守時間，逐漸形成了價值觀念。

時光是寶貴的，時間就是金錢，絕不可以大肆揮霍 —— 除非有一天某個人找到為自己寫傳記的良機，屆時他將會有機會將胸小所知的一切一吐為快。

近年來，德國人對民族品格不斷反思。比如一位德國朋友對記者說：他可以開列一大串德國人不好的性格特點 —— 自負、實利主義、不寬容、上進心過強、過分要求精通、討厭小孩等等。唯獨對於守時，他是高度讚賞的，這在任何情況下都是一種優點。

行色匆匆，忙忙碌碌的德國人，常處於心弦緊崩，精神緊張，在時間的琴鍵上生存。他們機械而迅速，按部就班。快節奏，高效率，一個時間，一個琴鍵，利用就等於碰響，它必須發出音符，各個時間組成一首旋律，這就是德國人的歲月。時間對他們講，珍貴已不是一般，它意味著金錢、生命、情義、價值......而能夠給你一份，相當不易。

5. 發掘商品背後的東西

德國的政治、經濟、科技、文化對開發第三產業用盡心思，這是德國特色決定的。到過德國的人，無不為其生活品質而讚嘆。服務性專案紛繁細微，令人眼花繚亂，德國人習慣了服務和接受服務。「自給自足」、「自力更生」，他們不僅不理解，而且行不通，是因為生活中已經取消了這樣程式。

你只要租一套公寓住宅，那麼便具備通訊設備、廚具衛浴設備、日常生活設備、物業管理一切設備，如可隨便進入理髮室、健身室、洗衣房，娛樂中心、圖書室（閱覽室），享受送茶送飯，訂購物品、車船機票、委託接待來客等等，幾乎有什麼需求便有什麼服務，這是不容拒絕的，因為你已經付出費用，免去服務的單純住宅是沒有的。唯一可以選擇的只是服務的品質可高可低，進什麼環境享受什麼程度的服務，從中區別人的身分高低。

在德國，商人絞盡腦汁的事情就是售後服務。

如果有人買你的產品，他反覆研究了產品品質後，便開始新的研究，即是否有可能展開別的售後服務。因為德國消費者買東西挑剔的焦點便是售後服務。如果你賣東西遞給一份產品使用說明，性能介紹，再沒有其他了，他便覺得你在開玩笑，售後服務呢？

在德國，商家賣東西，不是賣完就完事了，這僅僅是開始，才與客戶建立了聯繫，以後要經歷許多服務性事項，直到客戶滿意，謝絕服務才算終止。所以商品售後服務說明書特別詳細誠懇，它本身的作用比商品本身的作用更大。可以說德國消費者只認可商品的說明，品質是否可靠，買時不做考慮，因為他有較長的考驗機會。商家的承諾在實踐中兌現，一朝違諾，全盤皆輸，倒楣的是商家，而不是消費者。

首先，商家出售時開列了許多售後品質承諾和售後服務項目。例如你買某服裝店的一件大衣，它產品的品質承諾有：×時間內不脫線，× 次洗滌後不褪色，重壓下不皺褶等等。接下來是售後服務；一週內感覺款式、顏色、尺寸不合適可以調換或退貨；服裝店定時打電話詢問使用情況；鈕扣丟失或損壞，隨時可補釘；終身負責免費洗滌熨燙；可代為送貨給朋友；可免費修改款式；可適時贈送佩帶的胸針。有的服裝購買時，商家還贈送一套有關物品，如噴灑的香水一瓶，存放防蛀液一瓶，胸針一枚，絲巾一條，衣架一個，防塵套一件等等。有的商家乾脆負責到底，今後有什麼情況，只要一通電話，便有人上門服務。一件衣服今冬穿了，季節變換後負責洗滌存放，適時前來穿取；或者此件衣服穿後不想要了，該服裝店負責收購，消費者添些新款的。

德商所以注重他的售後服務，是因為由此可吸引穩定的客戶，有的家庭多少年只穿一個服裝店的衣服。客戶感覺各方面滿意便不再花時間奔波選擇、嘗試，有什麼要求直接提出來，商家千方百計滿足你，你還有什麼可說的呢？

德國市場競爭激烈，世界各國的產品都想往裡擠。許多出口到德國的商品，如一般家電在品質、款式方面已沒有太大區別。競爭焦點就集中在售後服務上。目前日本的家電之所以能大量占領德國市場，除了物美價廉外，另外一個重要因素是售後服務好。日本家電售後服務也遠不是日商的成就，而是日商選擇德商做代理。所呈現的優勢是德商的智慧。德代理商抓住德國人買商品後面的東西，在「後面」大做文章，於是他做生意首先看你的商品後面是否有文章，如沒有餘地做文章，商品怎樣質優價廉都不是他感興趣的東西。

6. 公務是公務，燒酒是燒酒

德國有一句具有廣泛影響的格言：「公務是公務，燒酒是燒酒。」這集中體現了德國人的清醒意識，凡事能掂量出輕重緩急，能分清事物的主要矛盾和次要矛盾，從而尋找到解決問題的最佳方案。

二戰後，德國商業上創造出了奇蹟。要從大戰過後滿目瘡痍的廢墟裡重建家園，說起來很容易，做起來卻是困難重重，但是德國人做到了這點，不能不讓人由衷佩服。其中，公私分明的工作作風，刻苦勤奮的工作態度，堅不可摧的意志力，自然是功不可沒。

在德國商界，有這樣一種法則：公司只是一個商業場所，做生意都是個人式的。個人都是在自我的職位上一展才華。一位推銷員一旦離開公司，原先的顧客也會被這位推銷員拉走，這是理所當然的事。老闆必須權衡利弊，考慮失去一位推銷員的損失，往往採取特別賞識的態度，給予優秀者一定的獎勵。但優秀的雇員恪守一種風格，在與老闆簽訂合約後，一切履行合約條款，即使工作再有成績，一般不做任何威脅，提出什麼獎勵或追加收入等。還有一旦與公司、與老闆彼此配合默契，心情愉快，他就會忠誠於自己的雇主，金錢是難以拉走的。

假如一公司的雇員因某種原因離開了，那麼屬於他的那份生意，要是有人找上門來要和公司繼續做，公司老闆就必須要經過原雇員的認可。在技術方面也是如此，以專利權來講，一般公司都以發明人的名字提出申請，然後在發明人和公司之間就該專利權的彼此關係再簽定合約，沒有發明人的同意，專利是不能轉讓的。即使僅是一種技術而非專利，也是如此，屬於個人。假如這位工程師離開公司，他能帶走的一切都帶走，包括顧客，誰都沒有異議。

德國人工作時候，總有一種拚勁，就像上足了發條的鐘錶，他們向理想的目標奮勇前進，他們有著堅不可摧的意志和奮鬥精神。但我們不要被他們工作狀態下的冷漠和刻板作風所迷惑，更不能誤認為他們只懂得工作，完全缺乏生活情趣。

德國人享受生活的態度，要理智得多，這一點和激情浪漫的法國人完全不同。德國人的性情主要表現為外冷內熱，情感含蓄而又內斂。

德國商人在上班處理公務的時候，都會全心投入，別無他顧，從而保證了公司運作的快節奏、高效率。一旦步出辦公室，德國人被工作壓制的休閒心情，就會迅速迸發出來。

作為日爾曼人後裔的德國人，他們擁有著強健的體格，他們骨子裡飽含著熱情奔放，和對友誼的渴望。夜間，擺脫工作壓力的德國人，會紛紛走出家庭，湧向大大小小的啤酒館，到那裡去釋放激情與朋友暢敘友情。

我們都有深刻的體會，越是表面冷漠持重之人，與之建立起來的友誼，就越牢靠。舉一個淺顯的例子，法國人熱情浪漫，男女之間逢場作戲的事司空見慣，一宵歡娛之後，彼此能夠把對方忘得一乾二淨。古板嚴肅的德國人顯然做不到這一點。他們對一切都採取審慎的態度，絕不輕易做出決定，決定之後，就一定要有結果。

德國人的刻板，和他們頑強的意志品質是一脈相承的。第二次世界大戰時期，希特勒鬼斧神工，成功取得了一系列閃電戰的勝利，也是巧妙利用了德國民眾和軍人只認目標、誓死向前的民族性格。

德國商人行事，同樣稟承嚴謹的態度，事先要進行周密的謀劃，給自己設定較為高遠的目標。他們知道，要實現這一目標，是有一定難度的，會面臨許多挑戰，但他們向來只往前走，相信只要不懈努力，就會有好的結果。任何艱難險阻，都無法令其改變初衷，更不可能讓其放棄目標。

我們再來說說德國的足球，德國球隊既沒有華麗優美的技術，組織進攻也無太多美妙的想像組合，但正是這樣一個有板有眼的球隊，足以讓全世界的足球強國不寒而慄。

其實，讓所有足球強國心有餘悸的，不是德國足球的技術，也不是德國球員的身體力量，而是德國足球的紀律意識和頑強意志。與德國隊交鋒，其他傳統的足球強國，可以在一開場就取得領先的優勢，甚至在比賽的大部分時間裡壓倒德國隊。但是，無論哪一支球隊，都無法從意志上徹底摧垮德國隊，只要比賽的時間尚未用完，只要裁判的終場哨音尚未響起，德國隊的意志就一直存在，並隨時隨地準備著絕地反擊。德國足球在最後瞬間完成大逆轉的例子，已經屢見不鮮。

點球大戰，是足球遊戲衍生的特殊規則，苦戰一百二十分鐘未分勝負的兩支頂尖球隊，被拖入刺刀見血的點球大戰，就像是兩位武功絕頂的高手，武功的比試已經退居到次要的地位，變成了意志力和心理素養的較量。然而，無數的事實證明，在一百二十分鐘內取勝德國，固然已是難事，要想透過互射點球的方式擊敗德國，簡直比登天還難。

幸運之神總是喜歡眷顧真正的強者，德國足球在點球決戰中罕有敗績，其制勝的法寶就是堅不可摧的意志力。

人世間任何一種現象，都不可能獨立存在，德國足球的意志力同樣如此。它源於德意志人堅忍不拔的民族性格，根植於德國人在任何境況下都永不言敗的優厚土壤。

今天，和平與發展乃世界共同之主題，發展經濟，做生意賺錢，成為世界人民共同的需要和追求。德國商人自然是不甘寂寞、不甘落後。

7. 鐵定的合約與法規

如果在德國看見一個行人闖紅燈，那他肯定是外國人，否則就是個弱視者或是色盲，會引起眾人的公憤。有這樣一種說法：在半夜十二點時開車，看見紅燈還停車的，全世界只有德國人。如果有行人在清晨兩點路上無人時闖紅燈，引起車禍而受傷，員警會責怪行人而不是駕駛員：因為在德國，駕駛員絕對不會料想到有人敢闖紅燈，即使在夜深人靜的時候也是一樣。在新加坡，城市街道的乾淨整潔要靠重罰制度來建立和維持，而在德國則是大部分居民的自覺法規意識。

有一則故事說，有一天夜裡大雨瓢潑，一對德國父子去醫院掛急診，來到一個僻靜的小路上，遇到紅燈。儘管沒有人，也沒有車，父子倆還是在雨中等了許久。後來，兒子實在忍不住了，便想穿過馬路，遭到突然患重病的父親的嚴厲訓斥。最後，他們才發現原來是交通指示燈出了故障，紅燈亮而綠燈不亮。

從這則故事可以看出德國人守法的意識。這一德國人的民族性格，展現於商業經營管理上，也具有強烈的奉公守法傾向。世界上有很多商人，他們為了賺錢，可謂絞盡腦汁、不擇手段，但在德國，這種商人少之又少。他們都能自覺用社會道德、法律規範來約束自己的一言一行。只要是和社會規範和公眾利益相衝突的事情，他們都會自覺避開。所以，他們無論在做什麼事情時，都要採取法律手段 —— 簽訂合約。

在德國，離開合約寸步難行。家長和小學一年級的孩子簽訂合約，規定獎懲，制定努力目標。達標後家長如何，未達標孩子如何，雙方的權利各是如何，然後甲乙雙方簽字，接下來履行合約。德國人從小就知道合約的厲害，一旦簽訂合約，性質便是「鐵」的。所以德國人是遵守合約的模範。他們很少有違約，從來不指望違約成功。

在德國商人創辦的企業內部，大都建立了詳備的規章制度。不僅老闆要求嚴格，每一個員工都能自覺約束自己的行為，去適應各種規定，服從於公司的管理。

即使是沒有明確規定的範疇，德國人的服從意識，也是隨處可見。下級對上級的服從，員工對老闆的服從，彷彿從來就是天經地義的事情。

德國商人認合約也得益於德國民法典對合約的規定特別系統、詳盡、邏輯性強，結構也嚴謹，可以稱得上是有關合約的範本。它的許多規定已為世人所接受，並成為一種世界性的法律財產。

與德國商人做生意討論合約時，他們會在合約上狠下功夫。大框框一條一條深思遠慮，反覆推敲；小細節照樣一字一字摳，甚至將一些都應知道的小枝蔓也寫進去，以示明朗，唯恐由此產生歧意，對方做出什麼文章。他們利用合約文字合理保護自己的權益，做到了盡善盡美，無懈可擊。

德商商人也常常是利用合約文字擊敗對方的能手。與德商有過貿易往來的人都能談出幾個由於疏忽的字眼而造成其吃虧的例子。

在一個港口的卸貨場地上，由於中德雙方共租一個場地易貨，然後各自裝載轉運。當時，場地小，貨物多，時間緊，中方擔心彼此混亂，影響效益，於是商定各占一半場地，在場地中間劃出一道白線，意思是誰卸貨也不要侵占對方的場地。但裝卸者往往雇用當地工人，語言不通，人多手雜，一時間德方的貨物竟然占用了中方場地。於是中方豎起一塊牌子：請將貨物卸在我們白線以外，不得有誤，違者交納違約金。德方同意牌子內容，並敲定違約金的數額。中方一貫認為德方是守約的，於是感覺問題解決，便釋然而去。誰知僅僅一小時後，中方的場地大部被德方占用，而中方貨物由於滯留指定地點外被另行罰款。中方負責人氣沖沖找到德方負責人，而德方已將貨物妥善安置，從上到下都在喝香檳休息，只待易貨時間到來。德方負責人說：「我們不是簽約了嗎？違約要罰違約金的，我無奈，不敢把貨卸在白線以內呀！」中方申訴，白線以外，是指我們一方，而德方說也可以說是我們的白線以外，因為並未標明哪方。中方簡直有口難言。最後中方由此交納兩份罰款，一份是貨物滯留指定外地點，被港口罰，一份是延誤了易貨時間，由德方按違約罰，毫無通融餘地。

德方充分利用了簽約中的漏洞，令中方有苦難言，可見德國商人重視簽約的程度要認真很多很多。

有人說德商指履行合約時就是一個時鐘，精確無誤。比如簽訂某月某日至某日付款，已經到了最後期限仍無消息，那麼這一日的二十四時之前肯定付給你，也許距二十四時整僅有幾分鐘。倘若他有特殊情況，必定提前商定，這一情況或許早已寫進合約，於是只要簽訂了合約的事，就不必擔心。

8. 專門賺國外的錢

一位普通的德國人，可能穿著來自義大利的服裝，中國的皮鞋；吃的是法國的馬鈴薯、荷蘭的乳酪；喝的是美國的可口可樂，西班牙的葡萄酒；看的是英國的報紙，日本產的電視。他們的生活融化在世界領域，享受世界的物質文明，德國僅僅是他們的生活場地。每位消費者懷揣信用卡便可隨意購置自己認為好的東西。德國市場大為開放，各國商品琳瑯滿目，異彩紛呈。

德國消費者絕不會抵制「外貨」，對「民族工業」也不特殊青睞，他們只需求好東西。同樣，德國的商家端的也是國外「飯碗」，他們的「上帝」在世界各地。他們的生意專門賺國外的錢。哪個企業產品出口多，銷路廣，向世界滲透力強，哪個企業便春風得意。和德國的其他許多方面一樣，德國商人的出口貿易之道也令人費解。德國的勞動力成本很高，又有世界上最強大的工會系統之一，它是如何得以保住出口大國優勢的呢？答案在於德國的文化。很多人錯誤認為：經濟制度就是永恆不變的市場力量的總和與不可侵犯的經濟規律的相互結合。這是極為錯誤的看法，在任何一個國家，經濟行為都反映出促成這種行為的文化和歷史因素。就德國來說，對秩序的需要、對安全的渴望以及責任感都直接反映在德國的社會市場經濟中。

德國是一個資源貧乏的國家，他們生產的原料大多都依靠進口，生產出來的產品又全靠出口，對外經濟在這個國度的經濟生活中起著決定性的作用。西方工業國家中，德國是最大的對外經濟依賴國。因此，從一開始，德國就決定使自己和世界一體化，並擁護國際分工原則。與此相應，德國一貫奉行減少關稅和其他貿易限制，提供對外經濟最寬鬆的政策。

美國商人有時會覺得很難理解德國的經濟制度為什麼能夠長期運轉良好。這是因為人們只是從兩個典型的美國文化視角來看待這一制度。一是美國人信奉個人自由，極不喜歡任何限制個人自由的東西；二是他們相應認為沒有管制的自由市場有一隻「看不見的手」會最有效組織好經濟。因此，任何對自由市場運作的干涉都是不相宜的。由於德國人對秩序和安全的需要，德國的經濟的確是管制頗多。然而，這一制度運轉良好，這不僅表現在德國很高的生活水準，還表現在德國的出口統計資料上。雖然德國的自然資源嚴重短缺，人口只有美國的三分之一，但在爭當世界最大出口國的競賽中，德國常常和美國不相上下。

德國四分之一的從業人員為出口而工作，出口額占國民生產總值的百分之二十七。德國的十二大交易夥伴通通是西方工業國，占全國進出口額的百分之七十六。十二個國家依次是法國、義大利、英國、荷蘭、比利時、盧森堡、美國、瑞士、奧地利、日本、瑞典和丹麥。最重要的出口市場是法國，占德國全部出口的百分之十三。

在德國人們把大公司和中型公司分得很清楚。這些中型公司對德國的經濟極為重要。德國一些最大的公司都是汽車、化學製品、機械和電氣電子產品行業的世界知名公司，這些大公司為人們所熟知，占到德國國民生產總值的一半，是德國出口和經濟成就的主要貢獻者。

為德國賺取外匯淨額超過兩百億馬克的四大類商品是汽車、機器、化工產品和電子電器產品。原西德對原蘇聯、東歐各國的出口，在各先進資本主義國家中是最高的。這些國家習慣使用德國貨，對德國產品似乎很有感情，德商便頻繁活躍在這片土地上。兩德統一後，德國的進出口能力有所增強，但東德（應稱東部）出口額只占全國的百分之二，的確很小，但長遠看，兩德統一對歐洲經濟貿易關係將產生重大影響。德國《經濟週刊》估計，從一九九三年起，東歐改革將使西歐企業的利潤每年增長一個百分點，而歐共體統一大市場的建立頂多增長零點二到零點五個百分點，從歐共體最新統計資料來看，近年來東歐幾國與歐共體的貿易百分之四十到五十是與德國進行的。德國的重要性進一步加強。

德國私人對外投資額近年來不斷增長。投資的原因各式各樣。出於專業市場的考慮，或地理條件、銷售市場的保障和擴大，以及圍繞最新工藝技術的競爭都可能是其中的一種原因。

賺外國人的錢，走進國際市場，這是當今世界各國經濟發展的必然趨勢。占領國際市場，這不是說一兩句話就能辦到那麼容易的事情，而是商家透過多方面努力，最後經過激烈競爭而產生的結果。德國商人透過對外策略，創造了巨大的社會財富，國內貧困現象相比其他西方國家相對較少。在德國，沒有像美國的阿巴拉契那麼貧窮的地方，也不像美國舊城區裡有那麼多的暴力和犯罪。

9. 與德國人打交道的智慧

德意志是一個典型的理性化民族，冷漠的表情、刻板的神態，無不在提醒他們的談判對手，德國商人一旦進入工作狀態，每一根神經都會崩緊，每一個細枝末節，都無法逃脫他們的視野。

與如此強勁的對手交鋒，難免會有壓迫之感，若不是為了賺錢，誰願受那分罪呢？但嚴酷的現實是，生意人以賺錢為天職，為了賺錢，不想面對也必須面對。

無論在何種情況下，德國人都是理智思維占絕對上風。他們總板著一副冷峻面孔，也是在刻意強調自我的存在。從這個意義上講，認為德國人傲慢，也是有一定道理的。與人交往，每個人都希望自己能得到對方的尊敬，對傲慢而又酷愛面子的德國人，尤其如此。因而在初次與德國商人見面商談合作時，了解他們的一些社交習慣、禮儀，很有必要。

德國商人被認為是歐洲最老練的商人。這些人紀律性強、謹慎、說話簡單明瞭。因此和德國商人交往時要嚴謹一些。

德國商人的呆板和保守，也體現在彼此的稱呼上面。在他們看來，即使在親人和家庭成員之間，以姓名相稱，也是相互尊重的必要體現。與德國商人交往，要注意記住他們的名字，這是相互尊重的前提，在公共場合，除了稱呼對方的名字，還要嚴格稱先生或女士，最好是綴以相應的頭銜，如「×× 博士」、「×× 經理」之類，會顯得更得體、更大方，但千萬不能稱兄道弟。

與德國人見面，若雙方都是男子，脫帽行點頭之禮，是符合禮儀要求的。但動作幅度一定要適度，千萬不宜過大，表情更不能誇張，以免留下輕浮的印象給對方。

凡是謹慎之人，時間觀念就一定比常人要強烈，前面已經講過，與德國商人約定見面時間，寧可提前到達，也不能遲到。即便你自己有解釋遲到的諸多理由，而想得到他們的諒解，也是很困難的。有鑒於此，與之見面過後，除了遵守基本的交往禮節，完全沒必要找與主題無關的話題閒聊。那樣不僅敗壞了對方談正事的興致，還會留下不好的印象，簡直就是畫蛇添足。無論在何種情況下，德國人都不喜歡聽過分的恭維話。因為他們的冷靜和清醒，總會理智告誡自己，在不合適的恭維話後面，一定隱藏有不可告人的目的，愛講恭維話的人通常不足以讓人信任。

與德國商人合作，態度決定一切。在選擇是否合作之前，態度一定要慎重，應該把可能的種種結果都預先考慮一遍，進入實質性的接觸，就要拋棄所有的退卻之想，眼裡只有目標，也只該有目標，全力促成目標的順利實現。在與德國商人談判前就要做好準備，預先的計畫和謀算非常重要，只要步入正軌，就等於開弓沒有回頭箭，只要存在萬分之一的希望，就應付出百分之百的努力。切忌倉促上陣；要保持高效率，高標準。

德國商人非常擅長於商業談判，你也許會不知不覺接受了他們全部的條件。這些條件包括：按交貨日期準時交貨；同意要求嚴格的索賠條款；他們也許還會要你提供某種信貸，以便在你違反擔保時，他們可以得到補償。德國商人擅長討價還價，這並不是因為他們具有爭強好勝的個性，而是因為他們對工作一絲不苟、嚴肅認真。為了打入德國市場，你一定要在各方面都做得十分出色，為了保住市場，你必須保持技術上的領先。最重要的是，你一定要達到並保持高品質標準。否則，你的技術就會被德國競爭者獲得並加以改進。

只要你的產品符合合約上的條款，你就不必擔心付款的事情。德國人對其商業事務極其小心謹慎，井井有條，是可以信賴的工作者。

同樣，也正因為德商重合約，守信譽，所以他們對對方也要求苛刻，無論怎樣情況，例如彼此特別友好，都毫不留情，哪怕是一頓隨便的宴請，你遲到了，主人頓生反感。

有鑒於德國商人刻板保守的性格特徵，在與其合作時，行為表現應盡可能符合其審美標準和要求，尤其不能存有違法亂紀、投機取巧之想。一旦他們認為你在投機取巧，對你的信任就會大打折扣。進一步合作將變得困難重重。

德國商人強調服從、舉止嚴謹，自然會有非常強的面子觀念，尤其對德國企業的高層管理者和決策者來說，凜然不可侵犯的自尊意識比尋常人要強烈得多。他們認為，洽談的目的是生意成功，雙方都能從中獲利。洽談不是戰爭，不是遊戲，不是賭博，也不是競賽。不應有一方勝利，一方失敗。如果說到得失，應該雙方都是贏家，都是勝利者，都能從中獲利。成功是滿足了共同的需要，不成功是保全了各自的利益，所以並不寄託十分的希望。但一朝洽談，商家雙方見面，一定要講究排場，原因是讓企業形象穩固。

在與德國商人合作交往時，若有適當的小禮物相贈，是再好不過的，這與德國人傲慢保守的民族性格有關。但送禮物也有送禮物的講究，弄不好，還會適得其反。禮物不能太貴重，否則會讓人產生其他想法。禮物要有包裝，包裝紙不能是白色、黑色和棕色。禮物切忌與菊花、玫瑰、薔薇等實物或圖案相關，否則犯忌。送禮物的時機也有講究，例如是應邀參加主人舉行的家庭宴會，到達時就應獻上禮物，否則，就有以禮物回報主人盛情之嫌，這是不被接受的。

德國人喜歡喝酒，但多是啤酒、葡萄酒之類性質溫和的酒，即便他們的酒量很好，飲酒也很講究節制，從不在公共場合喝醉。當然，如果你對此不察，飲而忘形，以至酩酊大醉，勢必留下惡劣印象給德國商人。

德國人好面子、講禮節，但更看重商業合作的實際利益結果。知曉一些社交場合的必要禮節，目的是為雙方的合作成功錦上添花。牢記這點，比什麼都重要。

第八章

韓國商道：瞬間崛起不是笑談

韓國的瞬間崛起不得不讓世界各國驚嘆。領土面積九萬多平方公里，人口數僅有五千萬，這樣的小國世界上至少也有幾十個，幾乎都不被人們放在眼裡。可是，當韓國在短短的時間內脫穎而出，一舉成為「亞洲四小龍」之首時，世人的眼光都聚焦到了這裡。在這麼小的一片土地上，怎麼會創造出風靡全球的經濟神話呢？

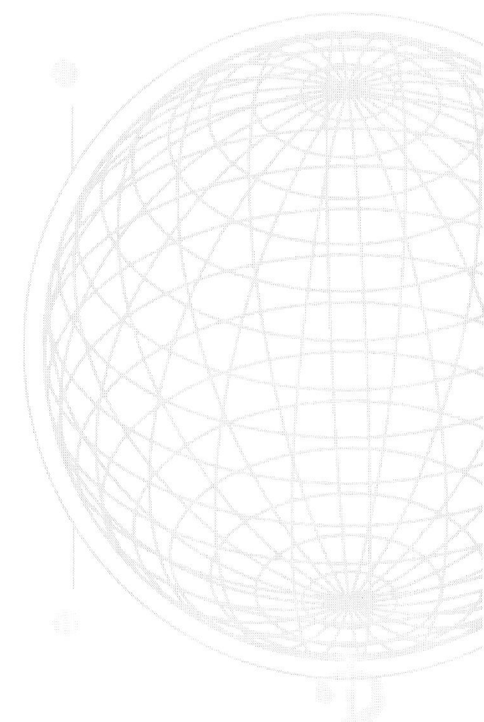

1. 凡日本能做到的，韓國會做的更好

英國《金融時報》上曾有這樣一句話：凡是日本能做到的，無論是什麼，韓國會做得更好。這句話體現出了韓國人的民族自尊心。

大韓民族是經過長期的歷史發展而形成的穩定共同體。他們不僅有共同的地域、語言和文化，同時還有共同的心理素養和經濟生活。在澎湃的商海大潮中，韓國商人普遍有這樣共同的心態：在發展個人事業乃至一個企業的時候，總要把國家和民族的利益擺在首位；在個人或企業獲得成功後，又能和人民共同分享財富和成果，以實現共同富裕的宏大目標。

愛國的主旋律不僅響徹韓國的上空，而且還時時迴盪在韓國人的心中。即使在商海中，也幾乎處處湧動著民族之魂。因為愛國就不能忘掉日本軍國主義帶來的災難和傷害，所以韓國企業界把發憤趕超日本當成迅速發展經濟的重要動力；因為愛國就不能忘掉養育自己的國土，所以韓國人要用實際行動把「身土不二」的口號變為現實；因為愛國就不能忘掉自己對民族應盡的責任，所以韓國的企業家能夠向社會作出無私的奉獻。

韓國商人已把自己融入大韓民族之中，並擺進世界人的行列，所以他們對大韓民族的慷慨奉獻是無私的，對世界人的激烈競爭是有力的。

在韓國，企業家在發展企業和商場競爭中，大都能作到心中裝著國家、裝著民族。

三星財團的總裁李秉喆五〇年代的一次義舉，至今被韓國

人傳誦著。

一九五七年韓國當局突然宣布大幅度增加白糖的稅收。稅收一增加，白糖價格只得提高，隨之需求量下降。李秉喆的第一製糖也瀕臨停工狀態。一個一千多工人的大廠，數百名從業人員面臨失業。李秉喆想，讓幾百人失業不就等於企業放棄了應承擔的社會責任嗎？怎麼忍心讓自己的同胞失業呢？於是他決定開闢新產業，絕不裁減三星企業的人員。

李秉喆把自己的想法交給會社理事會討論，理事們一致贊成他的想法，並提出既然白糖需求疲軟，那就加工成糖果；既可以處理滯銷的白糖，又有利於降低成本，能收到一舉兩得的效果。聽了大家的建議後，李秉喆就派人調查國內糖果業的狀況。

經過調查，李秉喆發現原來國內經營糖果業的企業都是規模比較小的小廠，設備也比較簡陋，如果設備精良的第一製糖打入冷落的糖果業，可以迅速壟斷市場，獲取巨額利潤。

在一般人看來，這是個賺大錢的機會，應該抓住不放。但李秉喆卻有他自己獨特想法：進軍糖果業固然可以使自己的企業得以復蘇，然而卻要以擠跨許多生產糖果的小企業為代價；解決了本企業工人失業問題，卻把失業問題轉嫁給了其他小企業。這與自己創辦企業為造福社會、振興民族的精神是格格不入的。為此，他毅然決然否定了會社理事會生產糖果的建議。

後來李秉喆審時度勢開闢了製粉廠的產業，雖然投入較大，收效較慢，但他為自己做了一件好事感到心安理得。

一位哲人說過：「每一滴水都具有水的全部特性，但是絕不會有風暴。」韓國之所以能夠形成席捲亞洲的經濟「風暴」，一支主要力量是來自韓國這樣一些愛國的企業家。

在韓國，幾乎沒有人不感到驚詫：具有千萬人口的偌大的首爾，街市上跑的各種車輛（除了外國人的用車外）全是韓國自產車。

韓國，差不多每個家庭都有一輛小汽車，條件好的甚至有兩輛以上。首都首爾的汽車將近六百萬輛，一律國產化，這是只有大韓民族才能創造的奇蹟。

當年盧泰愚總統寫給公務員的「國政指標」:「一、民族自尊，二、民主和合，三、均衡發展，四、統一繁榮」，現在仍舊懸掛在每間政府辦公室裡。

不僅這一代韓國人要作到民族自尊，而且韓國政府還要求他們的子孫也要作到民族自尊。所以《韓國教育憲章》裡規定：第一條，弘益人間；第二條，民族自尊。

2. 性急有時也不是壞事

在五千年悠久歷史進程中，大韓民族創造了豐富而燦爛的民族文化。東方文明的薰陶、四季分明的氣候、氣魄雄偉的山川造就了這個民族剛毅強悍、樂觀自信的性格和質樸淳厚的民風民俗。從一九六〇年代開始，韓國的社會發展進入突飛猛進的時期。尤其是經濟的快速發展，使其成為亞洲四小龍之一。長期的疲弱不振和苦澀記憶，使頗具愛國之心的大韓民族，對成功有更為迫切的要求，在具體的行動中，甚至表現出求勝心切的一面。

其實，即使到了今天，韓國民族性格中急於求成的特徵，非但沒有絲毫削減，還有越來越極端的趨向。到過韓國的外國人都會有一種感覺：韓國人最喜歡說的一句話就是「快點，快點！」韓國人的性急是有名在外的，世界各國，尤其是歐美國家都稱韓國人為「Korean」，而且許多人對韓國人都有一個共識，這就是韓國人脾氣相當急燥。如果有哪位仁人君子表現得四平八穩，那麼其他的韓國人對他就可能打一個問號：「此君真的是韓國人嗎？」

韓國人熱烈奔放而充滿激情，但同時也表現出比較容易衝動和性急。有人做過統計，說韓國人在一分鐘內走的腳步比歐洲人一分鐘走的腳步至少多十五步。

一九九〇年五月七日，首爾某報社報導了一則消息：一列從首爾東大門車站開出的地鐵列車因誤車十分鐘，被在月台上等得不耐煩的性急的韓國人們一下砸碎了十五塊車窗玻璃。

據說韓國人乘電梯，連電梯自動門開閉的幾秒鐘，他們都等不及，因而不斷按動電梯門的關閉鈕。韓國人到餐廳、飯店用餐，服務員上菜稍慢了一些，他們有時也會急得對服務員大發雷霆。韓國人開車上大街，發現前面的車開得稍慢了一點，就立刻大聲鳴笛催促。在高速公路上疾馳的汽車駕駛者偶遇堵塞，片刻都不願等待，見機就跑了。韓國人這樣性急，恐怕在世界上都是少有的。

不過，韓國人性急，是渴望成功的表現，在日常生活中如此，在生意場上也不例外。心中有了什麼想法，就希望把它立即變成現實，與人合作一般都當機立斷。和日本商人的軟磨硬泡有著截然的不同。

這種急性子使他們能夠抓住機遇，提高效率。在經濟迅速發展的過程中受益良多，韓國很多經濟建設專案都是在破紀錄的時間內完成的。例如從首爾到釜山的高速公路，僅用二十九個月的時間便告竣工，很多外國公司最初都認為這是不可能的事，而當時日本正在修築的神戶到名古屋的高速公路，長度和京釜商速公路相似，工程時間卻比韓國人多用了一年。又如首爾的地下鐵路系統原來是空白一片，如果按照一般的建設進程，要趕上其他國家不知要何年何月。性急的韓國人一聲令下，四條線路同時興建，僅僅數年時間便大功告成，使首爾擁有了最現代化的地下鐵路系統。再如韓國著名的蔚山和玉浦船廠建造期間，為了縮短建設期，抓住造船業景氣的時機，都一反造船業的常規，不是先建廠、再造船，而是邊建廠邊造船。性急的韓國人甚至在船廠還無蹤影，手中只有一片用來建廠的荒涼海灘的對候，就已經想方設法把船賣了出去。

對於一個企業來說，速度就是生命，時間與成本和經營績效是有著密切聯繫的。在生活節奏日益加快的現代社會，韓國人的急性子和人們求「快」求「新」的觀念以及企業產品壽命越來越短的現實還是很合拍的。特別是在講求時效的經營行業，韓國商人的急性子往往帶來極大收益。最明顯的一個例證就是韓國商人在對時效性要求極高的半導體工業領域的成功。

當今電子工業的翹楚三星電子公司一九七四年剛剛進入半導體領域，一九八四年便稍後於日本和美國約四年開發了

64MD 積體電路，一九九二年三月又著手研製 256MD 積體電路，並於一九九四年八月在世界上第一家開發成功，使韓國的半導體技術上升到世界最高水準。但最初當三星電子下決心開發這一產品時，幾乎是沒有把握的。一位從一開始就參與研製組工作的年輕人對記者說：「當時，我是一個剛進公司的『新生』，研製組的大部分成員都和我一樣對半導體開發沒有多少經驗，其他研製組或開發組研製或開發的才是 16MD 或 64MD，而我們所承擔的卻是遠遠比這高得多的 256MD 積體電路，對這些沒有半導體開發經驗的人來說究竟可能不可能造出來，我們是存有疑問的。」儘管如此，研究工作還必需繼續，解決的辦法是「現學現用」。為了掌握半導體技術的動向，研製組與日本的先進半導體企業日立、NEC、三菱等六個公司技術交流，並開始基礎研究，不斷提高 256MD 的開發可能，每個人都做好了試製成品失敗後開分析會的準備，但是「卻奇蹟般成功了」。

為了在盡可能短的時間內縮短和先進國家之間的差距，韓國商人往往在並不具備資金和技術條件的情況下就投入某一項目的建設，對他們來說，最寶貴的是時間，至於資金可以由貸款解決，技術則可以在建設的過程中學習，而且在實踐中習得的技術往往還是最為實用的。

凡事追求效率，固然有善於把握時機的優勢，但又難逃急功近利、欲速不達之嫌。韓國經濟在前數十年的飛速發展，近乎奇蹟，但也埋下了一些隱患，如金宇中所創大宇集團，曾經風光無限，卻在金融危機的沉重打擊下破產，就是非常典型的一例。

3. 百善孝為先

古代的大儒孔子曾說：「百善孝為先。」韓國人同樣把孝行當成是最應固守的道德標準。

傳統的禮儀和忠孝思想仍完好保存在韓國人的生活和思想中。無論是婦女的善良溫順，或是男子的勇猛剛烈，還是對民族、國家、家庭的熱愛，幾乎都和忠、孝、敬的思想有直接的關聯。忠孝、敬思想幾乎已經融入韓國人的身心和個性之中。

關於韓國人的孝心，金益洙在一本題為《韓國的孝思想》的小冊子中說：「儒家思想影響有多深孝思想就有多深，孝是韓民族的傳統，也是民族的固有思想。韓國不僅以孝為最高德目，倫理基礎，且始終以孝為教育的指導方針」。

隨著時代的向前發展，韓國人在寒食、中秋等民俗佳節必須崇父敬祖的風俗不僅不曾消失，反有愈來愈重視的趨勢。寒食節除墓草，中秋掃墓前伐草，已成歲時風尚。而後者又比前者更顯重要，因為在韓國人心目中，農曆八月十五是最隆重的傳統節日，因為它和祭祖活動有關。中秋節放假三天，這三天裡，首爾市民不論工人、學者、商賈，還是政府官員或公務員，幾乎傾城出動，轎車在通往各道、郡的路口堵了個水洩不通。到郊區和鄉下去的車站售票處，人們排成了長龍。但在假日的第二天，喧鬧、擁擠的市街頓時變得空空蕩蕩，幾乎不見行人和車輛。這時，盡忠盡孝的韓國人恐怕都在他們祖先的墓前磕頭。倘若有人無視這一禮數，將被指責為大逆不道，難以在社會上立足。這種追思報本的崇拜祖先之思想，對韓國來說已經強烈生活化了。

韓國的這種風俗是任何文化圈的國家都少有的固有習慣，它是愛親敬長的韓國人思想與行為的基礎。

在韓國，人們把忠孝、禮儀、敬愛等家訓，全部載入他們的族譜，每一個家族都有「抬高自身價值的族譜」。當韓國人在遭遇水災、火災或戰爭時，最先收拾帶走以避害的，就是族譜。對韓國人來說，族譜是他們不向王權或宗教權威屈服的一種自豪的根源。

祭祖，在工業化的韓國，是盡孝的一種重要方式。

在韓國，年輕人絕對不能在長輩面前喝酒和抽菸，否則就被視為不孝。如果長輩對年輕人勸酒，做小輩的只能背過身去喝，表示謝罪和誠惶誠恐。

朝鮮鴻儒李栗谷在四百多年前就教導他的同胞說：「孝者，一切德行和人格之本也，德目乃人之善行德目之首也」，「士以孝為行為之本」。大多數韓國人現在仍然信奉「孝子門下有忠臣」的儒家信條。

事實上，韓國人不僅把孝看做一種家庭關係，而且也把孝看成是熱愛國家和為國盡忠的基礎。「孝」與「忠」是儒家思想中聯繫最為密切的，對朋友忠誠。對國家和民族忠誠，同樣是韓國人極為推崇的道德標準。

由忠孝而節義，這是東方人順理成章的邏輯。韓國人不僅盡忠盡孝，而且很講朋友義氣。一旦他們把你視為真正的好朋友，他絕不會把你當外人看待，真可謂和你推心置腹，無話不談，甚至為朋友「兩肋插刀」。從這點出發，他們憎惡背信棄義。也許這個弱小民族在近代以來受到列強的欺凌太深重了；也許他們近百年來遭到過帝國主義過多的背信棄義，因此，韓國人只要發現朋友對自己的背叛，那麼他是絕不會寬容的。

在儒家忠孝思想的浸染下，韓國商人的家庭觀念非常強烈。家庭型企業模式極其普遍，企業管理非常嚴謹，決策者的政令推行也較為容易。這也是他們近年來經濟發展迅速，成績斐然的重要原因。

在韓國，其實並不存在名稱為「某某集團」的法人組織，大的企業集團往往是某個家族透過控股和掌握經營管理權而實際掌握一系列企業所形成的。

一些大企業的歷史通常很短，許多集團的創業者至今仍然健在，作為企業中的最高經營者，他們掌握著集團的大權，保持著集團經營領導權的一元化。創業者已經去世的集團，則「子承父業」或「兄終弟及」，如三星集團的創始人李秉喆去世後，由其三子李健熙出任會長，樂喜金星的創業會長具仁會去世後，由其長子具景滋繼承父業，鮮京集團的崔鐘建去世後，接替他的是其弟崔鐘賢等等。當今韓國的五十大財團中，由創業者或其子擔任最高經營者的約有一半，創業會長未將職位交給親屬的只有一家。

這種家庭和家族觀念雖然隨著社會政治、經濟條件的變化而變化，如今相對安定的社會和較好的經濟條件使人們已不像過去那樣依賴家庭和家族，但是這種價值觀仍然規範著人們的思想和行為準則。因此，「家庭仍然是基本的社會組織和體現指導韓國管理人員和企業家行為價值觀的典型。」

這種家族經營的方式，對一個企業的經營管理可以說是一把雙刃劍，運用合理，則其固有的凝聚力將為企業帶來強大的生命力和攻擊力，使用不當，則會成為企業衰落甚至倒閉的根源。

不過近年來，雖然從所有形式上看，「家族主義」在韓國企業界還占有突出的地位，但在經營方式上，更具現代氣息及合理性的「能力第一主義」已經逐漸成為企業家們的選擇。

4. 鍥而不捨 —— 韓國商人的座右銘

歷史鑄就民族的性格，大韓民族也不例外。韓國地處東亞，毗鄰中國，受中國傳統文化的影響頗巨。這一點，和鄰近的日本很相似。但韓國人的歷史，可值炫耀的東西要少得多，甚至有很長一段時間，在屈辱和憂傷的陰影籠罩之下。因此韓國人不得不與命運頑強抗爭，為自由、為尊嚴而拚盡所有。

命運多舛，但精神永不磨滅，這就是韓國人的特質。就像是一粒種子，散落於惡劣的環境之中。但卻沒有喪失希望，憑藉頑強的毅力生根發芽。衝破重重的阻力，最終長成了參天大樹。

韓國人讓世界側目，是最近幾十年才有的事情。第二次世界大戰就像原始森林裡的一場大火，日本軍國主義分子強加給韓國的災難，簡直到了觸目驚心、形同夢魘一般的地步。任何一個弱小的國家和民族，要擺脫命運的不幸，最不能缺少的，就是堅忍不拔的意志，不屈不撓的精神。長期遭受他人淩辱的大韓民族，在品嘗歷史苦澀的同時，也鍛鍊出了前往成功必不可少的民族韌勁。現代商業經濟的良好環境，就像大火過後的春風。在春風吹拂之下，韓國經濟幾乎在一窮二白的基礎上，一躍而起，它能有今日之驚人成就，與他們不懈的追求是分不開的。

鍥而不捨，是韓國商人時刻牢記的座右銘。為了最終的成功，他們總是樹立很高的目標給自己，並不遺餘力、不顧一切去完成。

富家子弟可以坐享祖上餘蔭，出身寒微者可以悲嘆命運的不公，但絕不能沉湎其中，喪失拚搏和進取的欲望。韓國薄弱的經濟基礎，使許多創業成功者都有出身窮困、毅力超人的共同特質。其中，現代企業集團的創始人鄭周永先生，無疑是最傑出的代表。

出身於江原道通川郡的鄭周永，世代務農，家境窮困，兄弟姊妹眾多，童年生活極度艱辛。稍長，改變不幸命運的願望強烈激蕩著一顆年輕的心，他甚至知道，把自己束縛於窮鄉僻壤，將是更深重的災難，於是便在十六歲的時候，第一次離家出走。

鄭周永離家出走之後，一路上並不順利。在高原市待了幾個月，就被聞訊而來的父親追了回去。第一次出逃流產，鄭周永並不甘心，在家苦熬一段時日，又在次年春踏上了南下首爾的出逃之路。由於家庭窮困，沒有盤纏，剛到金化又被追了回去。再一次出逃失敗，鄭周永對貧窮和不幸的認識更加深一層，改變命運的願望越來越強烈。

在家裡，鄭周永巧妙收斂起自己的野心，盡可能讓深愛自己的父親放心，暗地裡卻不斷總結前兩次失敗的教訓，為再一次的成功出逃創造條件。

故事的結局，世人都非常清楚，鄭周永在十九歲的時候，終於出現在首爾街頭。先由泥水工作做起，然後是米店夥計，再到與人合夥辦米店。第二次世界大戰開始，鄭周永艱辛的創業之路受挫，但他已經積累了經驗。為日後的商海之戰奠定了基礎。

在第二次世界大戰之後，鄭周永成立了現代商運和現代建設公司。從一九五三年開始，現代建設公司承建釜山商靈橋修復工程。兩年之後，特大的洪災和通貨膨脹，使該工程的總預算超出了原計劃的四倍。就此罷手，並不是不可以，還能減少許多損失。然而，鄭周永先生把商業信譽看得比實際的利益更為重要，執著堅持完成這一工程。後來，他把自己原先的經營所得全都賠了進去。又不惜變賣所有家產，使修復工程得以保證品質而完成。

經過諸多的坎坎坷坷，鄭周永成功了，憑藉自己的雙手構建了事業的橋梁。在許許多多韓國商人身上都有這種鍥而不捨的執著精神。為了達成一筆生意，他們往往不惜乘萬里船，跑萬里路，甚至不惜一切代價去獲取成功。

例如，一九九一年，韓國商人們爭辦大田市「93 EXPO」也是靠這樣的一種精神。世界科技博覽會在亞洲僅工業先進國家日本辦過，而發展中國家由於財力和技術力量等條件的制約，尚未主辦過綜合性的展覽會。韓國再度躍躍欲試，決心成為亞洲發展中國家第一個主辦這種性質的國際博覽會的東道主。經歷艱苦的努力，它又成功了。一九九三年八月至十一月的大田世界科技博覽會終於顯示了韓國科技發展的新面貌。

中國雖是儒家文化的發祥地，但和韓國人比較起來，中國有濃厚的大國文化背景做根基，在處事態度上，很少有過激的偏執，多趨於保守和中庸。如果與韓國商人對手競爭，一定要警惕他們鍥而不捨的執著精神，思想上絕不能有絲毫的麻痹大意，否則就會給對手以可乘之機。

5. 雞蛋如何放進籃子？

和大多數致力於在單一產業領域縱深開拓的歐美國家的企業經營者不同，很多韓國商人更喜歡發展企業的橫向聯合。他們中的大部分人都認為，不要把手頭掌握的所有經營資源都集中在一個專案上，在實力許可的範圍內應該盡量擴大自己的經營領域。也就是實行多元化經營，即所謂「章魚腿式的擴張」。

一九六九年，韓國「世昌織物工業社」的經理崔丙基年事已高，身體狀況又不佳，決定將自己經營了多年的企業出售。該企業被大宇集團總裁金宇中買下，成為大宇實業接收的第一家企業。以此為起點，金宇中在十多年的時間裡，接連買下了數十家因虧損而出售的企業。他還為此專門組織了一個「虧損企業接收團」，專門負責接收事宜。每次買下一個虧損企業，就由接收團具體分析企業的虧損原因和發展改造的前景，並在設施、人才、資金、經營管理等方面想方設法進行補救。經過合理化經營，這些企業很快轉虧為盈，進入良性迴圈軌道。金宇中接收企業不分規模大小，也不分行業類別，吃掉了很多特殊性產業的中小企業，使大宇從一個以外貿業務為主的實業社，迅速擴張為橫跨紡織業、皮革業、建築業、重化工業、電子業、服裝業、飲食業、造船業、汽車業等工業領域，同時還涉足證券業和旅遊業的大型企業集團。金宇中本人也因此在企業界獲得了「接收大王」、「經營天才」的雅號。

大宇集團因其規模及實力擴張異常迅速而在韓國企業界成為一個特出的例子，但事實上，這種被稱為「百貨店式的經營」或「章魚腿式的擴張」的現象，在韓國企業界是一個最為普遍的現象。

韓國許多大財閥都擁有跨不同產業領域的系列企業群。現代集團以建築和機械起家，但如今的事業已擴展到汽車、鋼鐵、水泥、電子、貿易等部門；最初只生產化妝品的樂喜金星現在擁有三十多家企業，涉足的領域包括化學、電子、電機、石油、貿易和保險等等。人們戲稱，大到萬噸巨輪，小至冷凍水餃，都屬於這些企業集團的生產範圍。如今在韓國著名的大企業中，經營領域只限於一種產業的只有汽車業中的起亞產業和由政府建立之後又轉向民營化的浦項綜合鋼鐵公司，大韓石油公社和韓國電力公司等為數不多的幾家。

和歐美國家的財團發展不同的是，韓國的企業集團是挾政府政策傾斜、優惠扶植大企業之利在極短的時間內迅速膨脹起來的。尤其是政府給予的金融扶植，使企業得以有足夠的資本大規模擴張。除了自行投資創辦新的企業以外，兼併是他們更為偏愛的一種方式。這是因為接收別人經營過的企業比起直接投資新建企業來，無疑是一條捷徑，沒有建設期，不需要重新組織技術力量和操作工人，既可以縮短時間，又可以減少精力消耗；既可以消滅競爭對手，取得某一行業中的壟斷地位，又可以把觸角伸向新的領域，更適合財閥們的口胃。

美國商人說：「把你所有的雞蛋放在一個籃子裡然後看好它。」

韓國商人說：「不要把所有的雞蛋放在一個籃子裡，這樣即使打翻了一個籃子，你還有很多雞蛋。」

韓國商人不願意「把所有的雞蛋放在一個籃子裡」的觀念之形成大概與韓國人歷史上多舛的命運有關。長期以來為內憂外患所困擾的韓國人似乎已自然形成了一種隨時準備應付各種危機的心理。危機是無法避免的，而應付危機的最佳方案就是盡量縮小它的打擊面，這也就等於降低了它的打擊強度，也減少了受到危機襲擊的可能性。

韓國商人感到，在高速運轉的現代社會中，國際形勢難以預測，經濟風雲變幻萬千，一個偶發事件便可能引起經濟局勢的動盪不安，一次風波就可能會使某一個或幾個產業遭到打擊，如七〇年代的兩次石油危機便使世界造船業和遠洋運輸都一蹶不振就是一例。如果將經營範圍局限於單一領域，在這樣的動盪之中企業就可能遭到滅頂之災。如果擁有遍布各產業的系列企業，就可以增強「抵抗力」，在經濟風波襲來之時減少損失。事實也證明，韓國的企業集團都是遵循了這一條原則而發展起來的。

韓國商人雖然在產業領域多元化的問題上對「雞蛋——籃子」定律奉行不輟，但長期以來在經濟國際化的過程中卻又不得不把他們的「雞蛋」都存放在美國和日本這兩個「超級籃子」裡。由於特殊的歷史原因，韓國的外向型經濟從一開始就形成了對美、日的過度依賴，美國和日本不但是韓國幾乎所有資金和技術的來源，還是韓國最主要的交易夥伴。一旦和這兩個國家發生任何摩擦的話，韓國經濟受到的打擊將是巨大的。但隨著韓國經濟實力的不斷增長，韓國商人一直在試圖重新分配他們的「雞蛋」，逐漸將多元化的戰略推行到企業經營的各個方面。

6. 用心良苦，傾心另一種顧客

顧客就是企業的生命，在今天的商品社會中，商家早已把「顧客就是上帝」奉為箴言。其實，只要參與過經營活動的人都會本能意識到這一點，即使在還無所謂「商品」和「顧客」的時代也是如此。而當他們在商品世界摸爬滾打了多年之後，變得更精明了的商人又將自己的感受和經歷加以濃縮提煉，於是就有了這麼一句名言。喊著這句口號的商人們也許表裡如一，也許口蜜腹劍，但無論如何，他們倒的的確確是有了這麼一種「意識」了。

但是在韓國商人的眼中，除了普遍意義上的「顧客」之外，還存在著另外一種顧客，也必須予以重視。在他們看來如果不能給這些顧客提供良好的服務，如果不能使這些顧客感到滿意，同樣也是一種失誤，而這種失誤的結果將比失去一般意義上的顧客嚴重得多。商品暫時沒有買主，可以亡羊補牢，為時未晚，或者乾脆另闢蹊徑，重起爐灶。但是這種失誤的結果卻是根本無法生產出高品質的商品，再精明的商人到此時恐怕也只能發出「巧婦難為無米之炊」的感嘆了。韓國商人眼中的這種特殊「顧客」，實際上存在於企業的內部。

韓國企業家認為，一個企業中各個部門承擔的任務雖然不同，但這些活動結合起來才能達到滿足外部顧客的目標。否則再好的計畫和設計，如果不在商品化的各個階段中使一切零件發揮出本身的功能，就無法生產出優質的產品。要想使自己的產品被外部顧客選中，就要善於調度每一道工序，從商品規劃到商品銷售和服務的一切部門，都要把從事下一道工序的部門看作是顧客。因此，所有員工的第一位顧客，就是在其工作成果的基礎上，繼續下一道工序的人或部門。所有的員工都應首先為這樣的顧客考慮周到。

在樂喜金星集團公司下屬的一家公司中曾發生過這樣一件事：在一次設計室召開的會議上，有人提出意見說，在生產線上，裝配部門的女技工承擔的接線作業需要改進。

之前，公司女技工在裝配階段進行接線作業時，要將數根電線的塑膠皮用手一根根剝掉，然後再一根根撚起來。雖說撚線是一種簡單的工作，又相當安全，似乎很適合女性職工，但事實上要裝配一台洗衣機，用來控制洗滌、漂洗、排水、預定等多種功能的線路有幾十條，如果一天要裝配幾十台這樣的洗衣機，即使是男人的手也受不了，何況是女人的纖纖玉手呢？

難怪在檢查成品時出現了很多殘次品。

有人提出意見後，設計室便想方設法改善設計，最後把連接電源的線路和連接按鈕的線路埠化，這樣在裝配時只需將上下埠互插就可以了。從此裝配部門女技工的幹勁倍增，次品率也大幅度下降了。這種「想方設法使自己的工作有助於下一個工序」的作法產生的結果是，不僅企業內各部門合作更為密切，生產效率和產品品質由此而大大提高，最終也使企業贏得了更多的外部顧客。

注重「內部顧客」的另一個意義是要求企業的各級管理者都把滿足員工的需求放在重要的地位。普通職工是第一線的生產人員，還維持著一個企業正常的生產生活秩序，在金字塔形的企業管理組織中位於最底層，然而也正是因為如此，普通職工也起著如摩天高樓下基座般的作用，沒有他們，整個企業也就不可能存在。總之，應該把人，而不是金錢，視為企業最寶貴的資本，因此必須作好各方面安排，使他們在企業中的地位受到重視，福利得到保證，使他們感到，他們首先是在為自己工作。

韓國企業家為使員工安心工作，用心良苦，到了連員工的太太也不遺忘的程度。三星集團為此特設了一個文化教育中心，設有資訊漫遊室（具有光電視聽設備的閱覽室）、各種培訓班、電腦房、健身房，不僅員工下班後可自由活動，太太們白天也可以光顧。韓國的女性結婚有了孩子後一般不再上班工作，這種「太太學校」使她們有了走出家庭、吸收新知識的機會，也有利於對丈夫事業的理解和支持。

對在海外工作的員工，韓國企業家們除了關心他們的福利問題外，還給員工的家屬特別的待遇。有的企業每年都要召開慰問大會，慰問赴國外勞動的工人的家屬。會上邀請韓國一流的演員參加演出，每個家屬還會得到一份有紀念意義的禮物，家在外地不能參加大會的家屬則由企業透過郵局將禮物寄去。有的企業則規定，凡在國外工作的員工均可帶家屬同行，並經常透過書信與員工家屬對話，詳細介紹企業的情況，以免除其後顧之憂。

在「編織好員工的生活花籃」以外，韓國企業家更為注重的是設置一整套晉升和獎勵制度，對員工的勤奮工作表示鼓勵。各大企業每隔一定時間還要對在職職工再教育，讓一線工人接受技術培訓，對管理幹部則按不同級別實施相應的教育，充分滿足員工們自我發展的需要。

7.「談判強手」的美譽

探討一個民族的經商之道，發掘的是民族內在本質的東西，這似乎很抽象，其實，所謂的本質的東西，卻是外在行為的總結和歸納，有一定的民族特徵，就一定有相應的外在表現形式。同樣的，外在的行為表現形式，是具體民族性格特徵的本質再現。

長期的國力不振，使韓國經濟中的商業交易比例偏低，但在第二次世界大戰之後，特別是最近數十年，勤勞聰明的韓國人，經濟發展迅速，世界範圍內的商業交易往來日漸增多，世界各國商人在與韓國商人頻頻合作交易之後，得出的第一個結論，是對韓國人的談判策略和技巧深感佩服。

韓國商人享有「談判強手」的美譽，在世界上獨樹一幟，是因為經過長期探索實踐，形成了一整套相對穩定的商業談判模式。

韓國商人十分重視貿易談判。談判之前，他們通常都要多管道搜集盡可能多的商業資訊，透過海外諮詢機構了解對方底細，以及有關商品行情等，做好準備後才會與對方坐到談判桌前。這既促進了本國商業諮詢業的發展，也為企業在談判中贏得了主動。

一般來說，韓國商人很注意選擇談判場所，他們喜歡在較有名氣的酒店會面，即使是兩家名氣相同的大酒店，他們也會認真辨別選擇，然後確定。如果是韓方選擇地點，他們會按時到達；相反，如果是對方選擇地點，他們絕不會提前半分鐘到達，而總是準時或略遲一點。職位最高的人一定走在前面，該人也是談判中的拍板者。這並非他們沒有守時的習慣，而是保持矜持，給對方略微施壓。

在談判中，韓國商人非常重視談判初始的融洽氣氛，熱情向對方打招呼，縮短彼此的距離是必不可少的。他們認為，「沒有好的開頭，就不會有好的結尾」。其通常做法是：和對方一見面先熱情打招呼，向對方介紹自己的姓名及職位；落座後，再談幾句與談判內容無關的話題，如天氣、旅遊、喜好、體育、新聞等，以此消除緊張氣氛，並利用這一短暫時間，察言觀色，選擇談判策略。之後，才開始正式談判。進入實質性階段，韓國商人遠比日本人爽快，不像日本商人那樣保守，他們會較快講出自己的想法和意見，並想方設法說服對方接受。

韓國商人特別善於討價還價。在韓國無論農貿市場還是商店，都看不出有標價的商品。商品價格主要靠雙方討價還價決定。一九八八年，韓國為迎接奧運會，原打算像先進國家那樣，要求商店和市場明碼標價出售商品，但結果因意見不一而未能實行。一些常與韓國商人打交道的人說，即便在準備簽約的最後時刻，韓國人仍會提出「價格再降一點」的要求，如對方不允，本來成功在望的交易也可能告吹。

韓國商人也有讓步的時候，但目的是為了在不利形勢下以退為進戰勝對手。與韓國人打過交道的外國商人對韓國商人這種善於把握談判時機，「以劣勢取勝的談判技巧」頗有體會。

雙方在完成談判、簽訂合約時，韓國商人喜歡使用合作對象國語、英語和韓語三種文字擬定合約，三種文本具有同等效力。

當然，上述這些，並不足以讓他們贏得談判強手的美譽，讓所有對手都感頭疼的，是他們在談判過程中嚴謹認真、開闔有度的討價還價技巧。

韓國商人喜歡談判內容條理化。所以，談判開始後，他們往往先與對方商談主要議題。談判主要議題雖然每次各有不同，但一般須包括各自闡明意圖、叫價、討價還價、協商、簽訂合約等五個方面。

韓國商人常用的談判方法有兩種：一是橫向協定法，即在進入實質性談判時，先把需要討論的條款通通羅列出來，然後逐條逐款磋商。從頭到尾商討一遍後，再從第一條款開始檢查有無分歧或需要補充的內容，直至最後一款。在此基礎上，就分歧或補充內容磋商，尋找共同點。

另一是縱向協定法，即對共同提出的條款逐項協商，把前一條款出現的問題或爭議徹底解決之後，再轉入下一條款。

此外，有的韓國商人在談判中將「橫向協定法」和「縱向協商法」結合使用，即在磋商前後兩部分條款時分別採用縱、橫兩種協商方法。這主要視條款內容而定，以選擇有利於己的談判方法為前提。

韓國商人為把握談判主動權十分重視運用談判技巧與策略，在談判桌上，韓國商人討價還價的技巧很豐富、很全面，所用最多最有效的，通常是聲東擊西和先樂後苦兩招。

聲東擊西。即在談判中利用對自己不太重要的問題吸引和分散對方注意力。韓國商人在與對方討價還價，爭持不下時往往採用這種方法。假如在談判中韓國商人最關注運輸問題，而對方把注意力放在價格上，韓國商人就會提出付款問題，把對方注意力引到這一問題上來，以圖迷惑對方，並相應給對方一點好處，以誘迫對方在關鍵條款上作出讓步。同時，也可協商最重要條款爭取準備時間，並緩解爭執，以變換手法，採取新的對策等等。

先「苦」後樂。即在談判中以率先忍讓的假像換取對方最終讓步。如韓國商人打算要求對方降低價格，但已探明不增加夠貨量對方很難接受，而自己又不願增加購貨量，這時，他們會先在產品品質、運輸條件、交貨期限、付款條件等問題上向對方提出嚴格要求，然後在磋商上述條款時，極力讓對方感到他們是在冒受損風險作出讓步，這時再提出降價問題，對方大多會給予考慮的。

此外，韓國商人還針對不同的談判物件，經常使用「疲勞戰術」、「限期戰術」等。

談判桌上的討價還價，韓國人不愧是「談判強手」。

8. 與韓國人打交道的智慧

韓國商人是較容易打交道的東亞商人之一。但你仍然應當小心謹慎，避免犯錯誤。

與韓國商人交往合作，應充分尊重他們的忠孝道德，嚴禁提及可能褻瀆其祖先的語言。最好的辦法，是先了解一些有關對方家庭歷史的資訊，見面時刻意提及一些對方最感驕傲的事情。這樣，雙方的關係就能很快親密起來。見面主動提及對方的長輩，向其問好，也是可行的策略，若準備有小禮物相贈，效果會更佳。

在韓國，如有人邀請你到家吃飯或赴宴，帶點小禮物會更受歡迎，最好挑選包裝好的食品。韓國人用雙手接禮物，但不會當著客人的面打開。不宜送外國香菸給韓國友人。酒是送韓國男人最好的禮品，但不能送酒給婦女，除非你說清楚這酒是送給她丈夫的。在贈送韓國人禮品時應注意，韓國男性多喜歡名牌紡織品、領帶、打火機、電動剃鬚刀等。女性喜歡化妝品、提包、手套、圍巾類物品和廚房裡用的調料。孩子則喜歡食品。如果送錢，應放在信封內。

韓國人很講禮節，韓國人見面時的傳統禮節是鞠躬，晚輩、下級走路時遇到長輩或上級，應鞠躬、問候，站在一旁，讓其先行，以示敬意。男人之間見面打招呼互相鞠躬並握手，握手時或用雙手，或用左手，並只限於點一次頭。鞠躬禮節一般在生意人中不使用。和韓國官員打交道一般可以握手或是輕輕點一下頭。女人一般不與人握手。握手後一定要先寒暄幾句才落座。當被問及喜歡喝哪種飲料時，他們一般總是選擇對方喜歡的飲料，以示對主人的了解和尊重。韓國人認為，用餐時不可邊吃邊談。若對方不遵守這一進餐的禮節，極可能引起他們的反感。

韓國人崇尚儒教，尊重長老，長者進屋時大家都要起立，和長者談話時要摘去墨鏡。早晨起床和飯後都要向父母問安；父母外出回來，子女都要迎接他們後才能吃。乘車時，要讓位給老年人。吃飯時應先為老人或長輩盛飯上菜，老人動筷後，其他人才能吃。

席間敬酒時，要用右手拿酒瓶，左手托瓶底，然後鞠躬致祝辭，最後再倒酒，且要一連三杯。敬酒人應把自己的酒杯舉得低一些，用自己杯子的杯沿去碰對方的杯身。敬完酒後再鞠個躬才能離開。做客時，主人不會讓你參觀房子的全貌，不要自己到處逛。你要離去時，主人送你到門口，甚至送到門外，然後說再見。

在社交活動和宴會中，男女分開，甚至在家裡或在餐館裡都是如此。

一本由韓國海外公報館出版的宣傳性小冊子《韓國簡介》描寫韓國人的性格是：「普遍富有幽默感，……雖然有些人性情急燥，容易怒形於色，但是他們一般都是友善好客的。」這種說法比較實事求是。

韓國人的性急是有名在外的。在韓國，由於股市下跌，股民們在證券公司不顧禮儀大打出手者有之；在球場上為爭輸贏而打得頭破血流者有之；一句話不如意、不投機，年輕人對老人拳腳相加者也有之。這種現象商界也時有發生，對此必須加以注意。

很多外國商人和韓國人談判合作專案時都會感到，韓國人總是巴不得今天談判，明天就能簽約，後天就可以開張。這種風格有時能令雙方皆大歡喜，有時則會出現因缺乏深思熟慮和嚴密論證而導致工作反覆甚至前功盡棄的局面。這固然有客觀條件不成熟的原因，但韓國人的辦事方法和態度則往往是談判破裂的催化劑。

與韓國人相交，即便是在生意場上，也應以誠為本，重諾守信，切莫給對方你在故意隱瞞和欺騙的感覺。韓國人對此深惡痛絕，而且還非常敏感，倘若不加注意，細微的失誤，都有可能讓所有的努力化為泡影。

此外，韓國還有一些特殊的禁忌也需注意。

韓國政府規定，韓國公民對國旗、國歌、國花必須敬重。不但電台定時播出國歌，而且影劇院放映演出前也放國歌，觀眾須起立。外國人在上述場所如表現過分怠慢，會被認為是對韓國和韓族的不敬。

韓國人逢年過節相互見面時，不能說不吉利的話，更不能生氣、吵架。農曆正月前三天不能倒垃圾、掃地，更不能殺雞宰豬。寒食節忌生火，婚期忌單日。漁民吃魚不許翻面，因忌翻船。忌到別人家裡剪指甲，否則兩家死後結冤。吃飯時忌帶帽子，否則終身受窮。睡覺時忌枕書，否則讀無成。忌殺正月裡生的狗，否則三年內必死無疑。

與年長者一起坐時，坐姿要端正。由於韓國人的餐桌是矮腿小桌，放在地炕上，用餐時，賓主都應席地盤腿而坐。若是在長輩面前應跪坐在自己的腳底板上，無論是誰，絕對不能把雙腿伸直或叉開，否則會被認為是不懂禮貌或侮辱人。未徵得同意前，不能在上級、長輩面前抽煙，不能向其借火或接火。吃飯時不要隨便發出聲響，更不許交談。進入家庭住宅或韓式飯店應脫鞋。在大街上吃東西、在人面前擤鼻涕，都被認為是粗魯的。

照相在韓國受到嚴格限制，軍事設施、機場、水庫、地鐵、國立博物館以及娛樂場所都禁拍照，在空中和高層建築拍照也都在被禁之列。

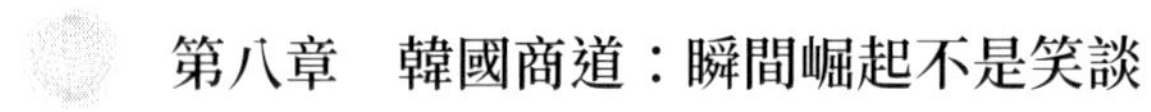

第九章

印度商道：做生意也不忘宗教

印度是亞洲名副其實的大國，是南亞次大陸最大的國家，不僅版圖大，人口也多，也許正因如此，印度的經濟發展水準遠遠落後於世界水準。長年忍飢挨餓的人不在少數。但這不表明所有印度人都不會做生意，也不是說這裡沒有賺錢發財的商機。事實恰好相反。

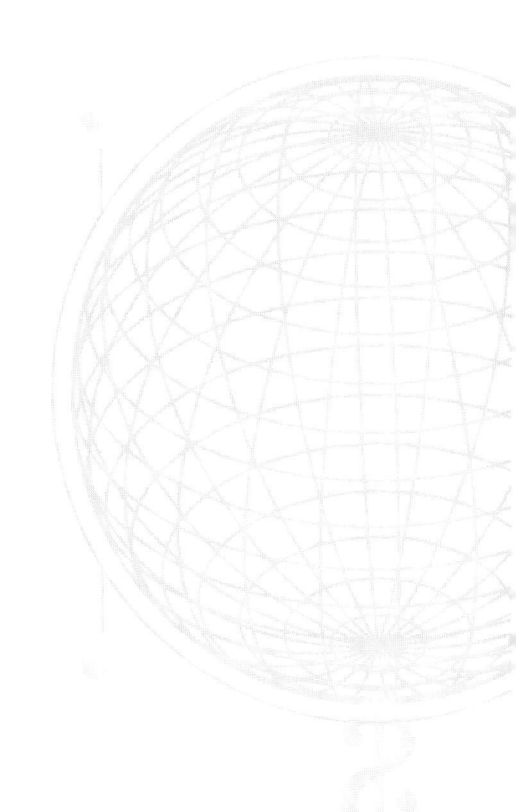

1. 虔誠的教徒，智慧的商人

印度是最悠久的文明古國之一，具有絢麗的多樣性和豐富的文化遺產。印度是佛教的發祥地，佛教是印度的國教，幾乎所有的印度居民都信奉佛教。在印度教徒看來，神就是他們生活中的寄託和最可靠的力量。只要你的心裡處處念著神，向神奉獻著你虔誠的心，神就會告訴你如何經商如何發財。在印度，宗教思想影響了商人的經商思想，商人反過來還進一步傳播宗教的教義。

由於是佛教的發祥地，累世積澱，印度形成了宗教高於一切的獨特文化景觀。神職人員在這裡受最高規格的禮遇，連政府官員、政治領袖都有不及，更別說是有錢的商人。這一尷尬處境，使印度商人都成了虔誠的教徒，就像所有民眾一樣，對印度教主張的行為之道、虔信之道、智慧之道，頂禮膜拜。

在印度教徒看來，神是他們生活中的寄託和最可依靠的力量。他們把神供奉在家裡，以便隨時可以向神祈禱，向神寄託自己的情思。印度人認為，一個人愛神、頌神，可以縮短人與神的距離。所以，在印度，任何一家的屋子裡，不管是富人、窮人、當官的、經商的、工人、農民，他們家裡都在顯眼的高處有一個神龕，供奉著自己所崇拜的神。

印度人也愛錢，但是在錢與神之間，他們認為神比錢更為重要，因為神的力量是無限的，只要神垂青於你，錢自然會來到你的面前。如果神遷怒於你，那有錢的也會頃刻間變成一個窮光蛋。為此，印度商人便把崇神敬神放在首要地位，每天起床的第一件事，是對著神像祈禱，出門之前也要敬神，商店開門之前要敬神，回家的第一件事還是敬神。而且在敬神時要心無雜念，專心一致。如果在商貿活動中碰到困難，處在逆境時，那要專門舉行向神祈禱的儀式，請求神保佑他們度過難關。賺了錢發了財，也要舉行敬神儀式，感謝神的相助。否則，神也會不高興的。有人調查詢問商人，問他們一天要舉行幾次向神祈禱？他們說：「最少四次，向神祈禱，心中時常呼喚著神的名字，神會助你發財的。」

在印度，如果你和老闆討論如何能多賺錢的問題時，他會告訴你：「要想多賺，主要是靠神，你只要心中常想著神的名字，神自然會幫助你。二是靠人的勤奮與機靈，勤奮忘我的工作，是達到與神同一的途徑，機靈是神的智慧在你身上的顯現。只因你心裡有神，忘我地工作修自己的業，神才給你智慧，使你多賺錢。」

但是，如果生意上賠本時，他們的解釋是：「賠錢有二個方面，一是神先要你賠錢，再賺錢。二是神要你贖前世的罪，修來世的福，我們商人只有盡心盡責工作，專心獻身於神。一切都是神的意志。」

印度人把大量的精力、錢財和時間用在敬神和崇神上，常常被外國人視為愚昧的行為。但是，印度人認為，這是人與神達到同一所必須的。為此，他們的身上形成了寬容和堅韌兩種精神。這兩種精神在今天不少印度人的身上能得到較好的體現。

今天，印度教主張修行行為之道、虔信之道和智慧之道。行為之道將自我奉獻於神，在神的參與下忘我工作，並且其行動和動機不為私欲所控制，不斤斤計較利害得失，全身心投入到工作中去，由此生產的「業」因，就可透過對神的虔誠信仰和熱愛得到解脫，也不會沾染罪垢。

「虔信之道」強調只要對神的熱愛與虔誠的信仰，就會受到神的恩寵，絕對皈依神，才會得到解脫。

「智慧之道」強調，在理性上追求真理，梵即是我，梵與我同一，只有梵才是真實的，其他一切都是假想與幻想。

目前，修行之道不僅為占印度總人口的百分之八十的印度教徒所接受，同時也成為印度廣大人民普遍遵循的修身處世之法。這是印度傳統文化的精髓，印度民族智慧的結晶。對於印度商人來說，行為之道、虔信之道和智慧之道也是他們人生旅途中最重要的精神支柱。尤其是行為之道，這是他們經商行事的準則，商戰中的成敗關鍵。

印度是個宗教國家，神擁有無比的力量，至高無上的權力，神無處不在，無處不有，無所不能。人要求得解脫，脫離輪回之苦，那就得靠神的相助。為此，在今天印度社會裡，印度商人經商乞求神靈的相助，那也是很自然的事，也是商人們真實思想的反映。至於如何解釋人在商業活動中的作用時，印度人的回答也是相當令人吃驚的。他們會告訴你，人的智慧只有在神的垂青下才能得到充分發揮，人的智慧在得到了神的啟迪後，只有忘我、全身心工作，智慧才會迸出耀眼的火花。這一智慧的火花，不但使你在商貿交易中取得成功，而且還會為你與神明合一準備最理想的條件。為此這商人說：「你心裡只要處處時時念著神，向神奉獻著你虔誠的心，神會告訴你如何去經商如何去發財的。」

印度商人對待宗教的態度很虔誠，做生意也多以誠信為本。他們的作風溫和穩健，不會盲目冒險，對賺錢之道彷彿看得很透徹。認為賺了錢，是神靈的特別照顧和恩惠，反之，如果所賺不多，甚至是賠了，也是認為自己某方面做得不夠好，被神靈所處罰。這種平和的心態，保證了他們無論是處在何種情況下，都能堅持不懈努力。

2. 以靜制動，後發制人

與印度商人做生意時，西方人大多感覺印度商人「矜持」，不快不慢，讓人摸不著頭腦。

印度商人在和西方公司做生意時並不像西方人那樣喜歡速戰速決，而是慢慢來，以靜制動。這並不意味著印度人沒有商業頭腦，不會捕捉商機。

實質上，聰明的印度商人早就對對手瞭若指掌，其目的就在於使對方心理產生急躁，過早攤牌，從而暴露出自己的真實意圖，以達到他們後發制人的目的。印度商人最擅長的招術就是拖，用此招可以充分消磨對方的意志，從而能夠徹底探清對方的底牌。對於你要急於了解的資訊，他們是軟硬全不吃，有時甚至一個簡單結果他都不會給你。你要真的急了，便是中了他們的計。

為達目的，印度商人的手段有時無所不用其極。印度有一個公司的外貿經理，曾為了百分之二的利潤空間，竟對中國一家上市公司的總裁跪下。這與中化文化中不為五斗米折腰的精神相比更加務實。此家總裁十幾年前據說從五千元起家，後來風雨經得多了，最終還是讓出了部分利潤。

印度人經常不守諾言，今天講的話，明天只要風向一變，立刻就跟著變，絕不會留下絲毫情面給你。即使簽字畫了押的合約，他也能從一些條款找出點麻煩，以至要求增加附加條款。曾經有個外貿商人與一個印度商人談了一個進口三百噸某化工產品的訂單，來回往復談市場、規格、價格和條款的郵件就達百封以上。結果後來船期變了，港口變了，再談，季節不等人，再等，可能等到花兒也得謝了。一氣之下，只能放棄。

所以，在與印度商人的貿易中，永遠不要將主動權交到對方手裡，否則，死定了是遲早的事。

不過印度商人的信譽還好，摸清了印度商人的經商性格，對症下藥還是比較容易交易的。一次，印度斯坦公司與歐盟一家大型電器商洽談生意，談判進展很不順利，雙方各持己見，誰都不肯讓步。這時，印度斯坦公司的代表卻不慌不忙，好像無所謂的樣子。無奈雙方只好約定暫時休戰，待午飯後重新交涉。

午飯後，談判一開始，印度斯坦公司的代表先避開業務問題，大談他到歐洲參觀的科學館的原子模型，進而談到科技進步以及人類和平，接著又大談佛教淵源，以及其善因善果的教理，以誠相待的印度佛教，商人的淵源和傳統，最後又談到聖雄甘地的非暴力和平主義思想。

開始，對方談判人員還感到莫名其妙，但過了一會，便開始饒有興趣聽起來，當印度人講完後，談判場內被一片寧靜、和平的氣氛所籠罩。接下來，談判雙方都心平氣和，而且對方接受了具有「以誠相待」傳統的印度斯坦公司的談判主張，即將破裂的談判終於取得成功。

在沒與印度商人接觸之前，「印度商人」不守信用，矜持而缺少誠意，這一點似乎是出了名的。但一旦與其真正交手，卻總覺得印度商人有一種讓人改變看法、後發制人的本領。

3. 不惜高薪聘英才

眾所周知，伴隨著市場經濟的不斷發展，人才對於一個企業參與市場競爭、持續發展越來越有強大的作用。然而，隨著民營企業的異軍突起，印度一些國有企業人才隊伍不穩，人才流動對國有企業帶來了衝擊。為了留住人才，有不少企業都紛紛「不惜高薪聘英才」。這充分體現了人才才是企業競爭的資本，人才才是企業的靈魂。

松下幸之助就認為企業首先是生產人，其次才是產品，也就是說只有高素養的人，才能生產出高品質的產品。所以當今許多企業本著「品質就是生命」的宗旨，對員工的人品和素養提出了更高的要求。產品即人才，說到底就是：每件產品都是為人類服務的。產品帶給人們方便和福祉，讓人感受到產品的好處，最終獲取應有的利潤，當產品物盡其用以後，隱含於其中的人才才能得以充分體現。

在眾多資源中，人才是企業發展的第一要素；是推動企業發展的最強大力量，也是企業必須緊緊抓住並努力開發的最核心的資源。只有人才會給商家創造財富，印度商人在其獨特文化的環境中，對人的至愛和使用有著獨特的思路與辦法。

隨著印度經濟的發展和國際化，印度許多高級管理人員的薪資待遇日益提高，而且出現了一些重要變化，知識水準越高，薪資待遇越好，社會出現了兩極分化。正如印度德里大學社會學教授所說，「這種變化打亂了社會的平衡」。

為了適應這種變化，印度許多大公司在公司人才安排上，必須首先考慮如何留住公司的關鍵人才。加爾各答的 Shaw Wallace 公司的人事部的助理副經理蘇濟塔·森認為，他們公司準備做以下幾方面的工作：調整關鍵員工的薪金水準和支付方法；改善員工的工作環境和工作條件；提供良好的退休金；公司的政策也作相應的變化。

面對人才價格的上漲和市場強勁需求，印度也出現了獵「才」公司，尋找人才已成為印度的一個專門市場，A.F.Ferguson 公司的 Says Anita Ramachandran 認為，「現在這是一個具有巨大市場的專門領域，五年前還不是這樣」。

印度各大公司盡可能為高級管理人才提供好的工作環境和薪資加津貼的收入，除此之外他們還採用了一些新的方法：

(1) 提供自助餐卡。在一位高級職員的薪資表上，以純薪水形式發放的僅占薪資總額的百分之二十六，公司允許員工從一張選擇表上選擇他們喜歡的補貼形式，如保姆補貼、孩子補貼、衣服補貼以及娛樂費用等。提供自助餐卡是補貼的一種方式。

(2)「金色手銬」或稱提供一筆大額貸款。一般由銀行或外國金融機構提供一筆數額可觀的貸款給公司的高級管理人員，其中百分之二十左右由銀行扣下或用於投資，其餘部分貸給員工，扣下的部分用於本金的支付，員工在二十年使用期內僅支付百分之二的利息。對於一位高級職員來講是比較低的負擔。

(3) 夫妻出境旅行，許多公司開始為公司的高級職員及其配偶出境旅行提供費用。

(4) 股票選擇，許多公司開始嘗試採取高級職員以股票的方式吸引他們長期在本公司工作，一個員工根據其表現可以給公司的股票，一般股票記為一點，得到十股就是十點，公司將這些記錄在公司的帳上，無論你什麼時候需要，均可到公司財務部門兌換成現金。

(5) 簽單權，一些公司給部分高級管理人員一定的簽單權，其數額各公司均不同。

印度人的「高薪養才」不失為一種有效方法。所謂的「高薪養才」，就是給技術才人較高的經濟收入和豐厚待遇。從某種意義上說，依靠「高薪養才」，不僅可以彌補他們「多貢獻沒位子」在別人眼裡所形成的「落差」，讓他們心理上達到平衡，還可以激發員工鑽研技術的積極性。這樣做，能夠很好體現技術人才的社會和勞動價值，與我們一貫所宣導的多勞多得分配原則也是相一致的。

人才是企業的根本，企業的競爭就是人才的競爭。所以作為領導者，要想自己的企業有更大的發展，必須肯花大的代價來聘用人才。

4. 名人效應，得心應手

名人效應是商家的策略之一，名人在社會中名聲大，活動範圍廣，具有一定的權威性，能起到「廣而告之」的作用。

隨著商品經濟的發展，印度商業傳統中一些不適應市場經濟發展的觀念已被印度新一代商業精英所拋棄。具有現代公關意識的印度商人們認識到，「名人」具有社會價值，可以用來賺錢。名人在社會中名聲大，活動範圍廣，具有一定的權威性。因此，追求名人效應，利用名人公關和商品促銷，已成為企業管理的重要內容。

實施名人戰略的關鍵是有一個總體策劃人和在公司、名人間穿針引線的人。

被邀請參加這些有名人捧場聚會的來賓大多是一些公司的經理和高級行政主管。他們免費出席演講和音樂會，甚至與名人一起享用豐盛的晚宴。公司這樣做的目的是為了拉攏一下這些潛在的客戶。酒足飯飽後還可以得到名人的簽名，這無疑使公司獲得了顧客的認同和親睞。真是一舉兩得：一方面，購買了公司產品的顧客能夠成為有名人加盟的名流社會中的一員；另一方面，一些人對此場面垂涎不已，於是購買公司的產品，以便步入「尊貴顧客」的行列並得到一張名流顯貴參加的晚會「入場券」。

負責邀請阿姆斯壯為 BPL 公司作公關的維克蘭姆·辛格認

為：「如果你想向上流社會推銷一種名牌產品，你就必須被邀請到其他場面出頭露面。現在許多公司見該生意有錢有利可圖，紛紛效仿，既然各個公司使出渾身解數迷惑他們尊貴的顧客，當有一天如果在你附近的專賣店裡擺放的服裝模特忽然變成了瑪丹娜，你大可不必大驚小怪」。

這是新形式的名人效應。它與以前的名人效益嘗試的主要不同之處是，名人們並不為公司推銷產品或服務，名人不須笑容滿面手持銀行的信用卡，只要一種姿態、聯繫就意味著一切了。

具體來說，新的名人效應的優越性在於：第一，避免了名人的尷尬處境。名人往往不僅代表他們本人，而且代表一個地區，或一種職業，或一個國家，所以他們十分注重自身的形象。如果讓這樣的名人作赤裸裸的推銷隨員，無疑是對其形象的損害。現今的名人效益追求的是名人和產品、名人和產品的擁有者之間某種內在的聯繫。這種聯繫已使名人超越了「超級推銷員」的身分，不僅不失體面獲得了一筆可觀的收入，同時增加了自身的影響力。

第二，避免了公眾的逆反心理。名人如為一個公司或公司的產品作直接的推銷，公眾往往會懷疑其可信性，懷疑公司和名人都有自誇之嫌，而對產品產生排斥。

孟買的 SAMSIKA 市場諮詢公司董事長賈迪普·卡普爾說，以前，名人一般出現在廣告中，但後來商人們意識到要讓這些名人與潛在的客戶直接交流。這種想法改變了舊有的名人效應模式，新聞媒體的報導保證了新模式比廣告的效果更好。

當 SEAGRAM 印度公司決意要把它每瓶價格為一千兩百九十盧比的威士忌介紹給消費者時，公司力圖獨出心裁，給市場帶來耳目一新的感覺。它沒有照例舉行記者招待會或為新產品的投放款待八方客，而是邀請了由著名指揮家祖賓·梅塔指揮的以色列交響樂團來印演出。前來孟買欣賞樂隊表演的兩百名觀眾都是精心邀請的嘉賓。該公司市場部副經理認為：「公司只想有選擇的邀請一批人，因為該產品的消費很高極。為了保持產品的『至高至尊』的形象，我們決定把產品與祖賓·梅塔這樣的樂壇名人聯繫起來。」

出於同樣的思路，BPL Mobile 公司在手機的行銷大戰日趨激烈之時，邀請了第一位在月球上行走的太空人阿姆斯壯來到孟買作了題為「空間通訊」的演講。BPL 想以此擊敗它的競爭對手 Hutchison Max 公司。有什麼方法比阿姆斯壯為它捧場更能促銷價格為兩萬五千盧比一支的手機呢？公司銷售主管認為：「BPL 在本行業具有很強的競爭力，不斷推出高品質的產品。舉辦這些活動旨在讓消費者對品牌的了解。為此，我們還將邀請著名的浪漫鋼琴王子理察·克萊德曼，BPL 將以他的到來説明公司銷售它的音樂系列產品。」

有些聰明的商人在利用名人的同時，沒有忘記他們成功的源泉。他們設法把名人與消費者聯繫起來。例如，派克酒店推出了一個叫做「讓大家從派克酒店走向社會」的計畫，他們邀請專家發表一些有興趣的話題演講。從一九九二年開始，他們已經作了十幾次這樣的演講，題目涉及藝術、自然及西元二〇〇〇年以後技術發展趨勢等。透過這種方式，他們是要創造一種使不同專家與酒店客人一起相處的機會，同時也改善酒店的形象。

用巨額廣告投入帶來巨大商業利潤，這是商人們的理性選擇。名人廣告為印度商人帶來了巨額收益，也促進了市場經濟的繁榮與發展。名人效應 + 產品品質 = 利潤收入。這個公式正幫助印度商人創造民族至尊品牌。

5. 節儉樸素，有錢花在刀刃上

節儉是一種美德，節儉是一句名言，節儉是一種創造財富的手段。節儉不僅能積累財富，還能培養人艱苦創業的精神、奮發向上的品質。

印度人很窮，印度家庭年平均收入僅有四百八十美元。平均儲蓄率只達到百分之二十四。印度家庭以節儉為美德，既是傳統形成的價值觀，也與印度人均收入偏低有關。

但印度也不乏享譽世界的大富翁。印度大亨們擁有大量財富，有些人在世界各地有著巨額投資。過奢華的生活對他們來說本在情理之中。但無論是大富翁，還是一般的生意人，他們都恪守著勤儉、樸素的生活作風，絕少有人花天酒地、生活奢靡。他們當中不少人擁有豪華酒店，考究的西裝，價值連城的珠寶，但這只是他們社交之所需，而不是為了享樂。

節儉與樸素的生活方式，溫文爾雅的說話方式一直被視為印度商業階層的優點所在。

印度商人的節儉可以追溯到很久以前。《東方聖書》中記載了這樣一個故事：古代一醫生用酥油為一富商之妻治病時，這位婦人竟命她的女僕從痰盂中收集她吐人的幾滴酥油。婦人見醫生感到驚異，便告訴他說：「大夫，像我們這樣的人家知道為什麼要這樣節約，這點酥油可以給僕役或工匠們塗腳，也可以倒進油燈裡。」

節儉也絕不等同於吝嗇，節儉是當用則用，當省則省，花費恰到好處，吝嗇則是當用不用，不當省的也要省。英國著名文學家羅斯金說過：「通常人們人們認為，節儉這兩個字的含義應該是『省錢的方法』；其實不對，節儉應該解釋為『用錢的方法』……」。

印度人就深諳此理。現在，節儉的概念在印度商人們中得到了進一步發展。其中，欠帳也成為商人們做生意的習慣。他們認為，欠帳能使人倍加珍惜和充分利用每一分錢，並可以增強賺更多錢的動力。

潘凱吉·瓦傑帕伊是一位住在德里二十八歲的執行經理，他每年都投入鉅款作為定期存款。每年他的投資會給他帶來一筆豐厚的利息。二〇〇二年他的利息收入將減少近百分之十。有趣的是，他對此毫不在意。利息率一旦降低，而你要是把錢從銀行中取出，你的錢就會貶值，但同時也意味著你付較少的錢去借貸。目前，瓦傑帕伊正考慮借一筆住房貸款。這位冷靜而精於算計的小夥子說：「利息最低時，我每年付的利息要少得多。這無疑物有所值」。

對此做法，仁者見仁，智者見智。但其中印度商人節儉辦事的作風於此可略見一斑。

總之，避免過放蕩、奢侈的生活，是印度商業大亨們享有幸福生活的一劑良方。更為重要的是，這些商人個人素養可以轉化為嚴格的工作作風，進而發展成一種商業精神，它使人相信，印度商業終究有一天會使他們的這種精神發揚光大，特別是現在 —— 印度經濟越來越依賴於這些商家發起一場工業革命的時代。

印度商人認為，一個人如果展望未來，他會發現等待他的主要有三種世俗的可能性事件：失業、疾病和死亡。前兩者他或許還可以逃避，但是最後一個卻是在劫難逃的。然而，無論哪一種可能性發生，他都應該把生活的壓力減輕到盡量小的程度，這樣生活和這樣安排是一個精明人的職責，這樣做，不僅是為了自己，而且是為了那些把安逸和生存都依附於自己的人們。這樣來看問題，誠實賺錢和節儉使用是極為重要的。正當賺錢，是吃苦耐勞、不懈努力、不受誘惑和得到回報的希望的表現；而合理使用，是精明能幹、富有遠見和自我克制的體現，這一些都是神的恩惠。

節約每一分錢，是印度商人的精神。因此在與印度人做生意時，首先，不可以貌取人，衣著寒酸的老頭，說不定就是一位百萬富翁。

6. 與印度商人打交道的智慧

印度是多民族、多宗教的國家，其民族習俗、宗教習俗很多。由於宗教不同，地區不同，禁忌也有差異。因此，在與印度人商務交往時，必須小心謹慎，避免犯忌。

比如，印度人睡覺時，不能頭朝北，腳朝南，據說閻羅王住在南方；晚上忌說蛇；喜慶的日子裡忌烙餅；嬰兒忌照鏡子，否則會變成啞巴；父親在世時，兒子忌剃頭；婦女在懷孕期間，忌做衣服、照相；忌用左手遞接東西。有上述行為將受到人們的厭惡。

在印度忌吹口哨，特別是婦女。在飯店、商店等服務性行業中，客人若用吹口哨的方式來招呼侍者則被視為冒犯他人人格的失禮行為。

頭是印度人身體上最神聖的部分，故旅客不可直接觸摸他們的頭部。千萬不要拍印度孩子的頭部，印度人認為這樣會傷害孩子。

即使在朋友家裡，也不要讚揚孩子，許多印度人認為這種讚揚會引起惡人的注意。

進入印度的廟宇或清真寺，要脫去鞋子，要跨過門檻而不能踩著門檻而過。光腳進寺廟，事先要在入口處洗好腳以表示禮貌。

凡進入回教寺廟者，均不能穿短褲或無袖背心，也要求脫鞋。

凡進入錫克教寺廟者，必先戴上頭巾或帽子，然後脫鞋才可進入。

印度錫克教徒禁止吸煙，當不知對方客戶是不是錫克教徒，為避免犯忌，最好在客戶面前不要抽煙。

印度人不僅普遍敬牛，還有不少人敬狗、敬蛇，甚至敬老鼠，對此，切不可大驚小怪。

印度錫克教徒不理髮、不剃鬚；印度祆教徒，主要居住在孟買，大多屬該市實業界的大人物，他們去世後，按宗教習俗，既不焚化，也不埋葬，而是被放進一座無頂的石塔結構中聽任兀鷹啄食，對此，切勿以任何有損於其自尊心的言語觸犯他們。

印度穆斯林每逢齋月，在日出到日落這段時間裡，既不抽煙、也不喝酒，工作效率明顯下降，此時切忌因此責備對方，印度每年十月三十一日起為新年，共五天，第四天為元旦，有的地區元旦早上，家家戶戶哭聲不斷，以哭聲迎接新年；有的地區以禁食一天一夜來迎接新年，對此，切忌大驚小怪。

與印度商人交往，除非關係極為友好，否則絕不要以名字相稱，而應該稱「某先生」、「某夫人」、「某小姐」。

當被介紹給印度商人時，習慣上都應握手，並在告辭時再次握手。如遇對方女性人員時，在原則上不應主動握手，因印度婦女一般不與男人握手。遇到這種情況，必須向女士行一個印度教的合十禮，並微微鞠一個躬。如果是向在一起的一男一女致意，與其跟他們其中的一個人握手，不如行一個合十禮為佳。切忌在行合十禮時，又點頭致意，這樣會不倫不類。

在印度首次拜訪對方時，應留下一張名片。

在與印度交往中，應注意印度人搖頭、點頭所表達的意思與我們有所不同。他們點頭表示不同意，搖頭，或者先把頭稍微歪到左邊，然後立即恢復原狀，則表示同意。

切忌用左手傳遞東西給印度人，他們認為左手是不潔淨的，使用左手是侮辱人的行為。

此外，印度人視「一」、「三」、「七」為不吉利的數字，所以，總是盡量避免這些數字的出現。同時，他們也認為，以零結尾的數字是消極的。印度人雖然視「三」、「七」單數為不吉利數字，但是，他們又認為，含有「三」、「七」，包括「九」的複數是積極的。三和十三是忌數，因為濕婆神有三隻眼睛，第三隻眼睛是毀滅性的，十三是因為人死後有十三天喪期；　印度人忌諱白色，認為白色表示內心的悲哀，因而習慣用百合花當做悼念品。他們也不喜歡黑色以及淺淡的顏色，認為這些色太消極。

印度人對顏色的選擇富有傳統性，認為紅色表示生命、活力、朝氣、熱烈；陽光似的黃色表示光輝、壯麗；綠色表示希望、和平。他們在生活方面，特別是服裝色彩方面，喜愛紅、黃、藍、綠、橙色及其他鮮豔的顏色。

印度人忌諱彎月的圖案。印度穆斯林忌諱豬的圖像。他們普遍喜歡荷花、藍孔雀、牛和大象圖案。因為，他們尊荷花為國花、譽其為「花中君子」；視藍孔雀為吉祥、如意、幸福的象徵。他們極為尊重牛，印度教徒們把牛奉為神明。他們視大象為吉祥動物，認為它象徵智慧、力量和忠誠。

印度教敬牛為神，進入印度教的寺廟時，身上絕不可穿戴牛皮製造的衣物，如皮鞋、皮帶、錶帶、手提包等，否則會被視為冒犯禁規。特別是在聖地，因為印度教徒不殺牛，穆斯林不殺豬，耆那教徒不殺動物或昆蟲。

第十章

阿拉伯商道：

把握原始經營模式的商業鈞鉤

歷史上，阿拉伯人的商業意識領先於亞洲其他國家。自唐以後，漸有阿拉伯人流入中國，而且越來越多，形成了一個獨特的民族——回族。在此過程中。重農抑商的思想在中國占據統治地位，阿拉伯人的流入，幾乎都無一例外以經商的方式前來，這是非常特殊的歷史現象。

1. 古蘭經上聖潔的心

按照古代史學家的說法，阿拉伯人不是掮客，便是商人。因此，阿拉伯商人的經商法則，是經過歷史千錘百鍊的法則。

阿拉伯商業文明的起源和發展。與其緊鄰地中海，直通歐洲、非洲的地理優越性無關，相反，阿拉伯商人非常固執保守，至今仍保留、延續原始的經營風格，可謂是一大奇蹟。

每一個成功的阿拉伯商人都首先是一個虔誠的伊斯蘭信徒。在阿拉伯商人的精神世界中，恢宏的伊斯蘭理想是無所不在的心靈支撐和至高無上的人生信仰。英國學者在歷史上的阿拉伯人中敏銳發現：「《古蘭經》中常用商業的隱喻和詞彙，提示了一些貿易的經驗。」

伊斯蘭聖城麥加和麥地那自古就是繁庶的商業城市，而伊斯蘭教的創始人穆罕默德也曾有過經商的經歷。因此，阿拉伯商人是伊斯蘭信徒、傳統道德信奉者和商戰智者勇夫的巧妙結合，宗教的習俗和原則深刻影響著他們的處事方式。

阿拉伯商人認為把自己的財富建立在別人的貧困之上是可恥的。賺錢而不顧道德，在阿拉伯地區是被深惡痛絕的。

伊斯蘭教義反覆強調，對這種違反商業道德和宗教信仰的奸商必須繩之以法，絕不姑息。《古蘭經》說：「吃重利的人，要像中了魔的人一樣。瘋瘋顛顛站起來。這是因為他們說：『買賣恰像重利。』真主准許買賣，而禁止重利。奉到主的教訓後，就遵守禁令的，得既往不咎，他的事歸真主判決。再犯的人，是火獄的居民，他們將永居其中。真主褫奪重利．增加賑物。

真主不喜愛一切孤恩的罪人。通道而且行善，並謹守拜功，完納天課的人，將在他們的主那裡享受報酬，他們將來沒有恐懼，也不會憂愁。通道的人們啊！如果你們真是信士，那你們當敬畏真主。當放棄餘欠的重利。如果你們不遵從。那你們當知道真主和使者將對你們宣戰。如果你們悔罪，那你們得收回你們的資本，你們不致虧枉別人，你們也不致受虧枉。如果債務是窘迫的，那你們應當待他到寬裕的時候；你們若把所欠的債施捨給他，那時於你們是更好的，如果你們知道。」

伊斯蘭教的教義深入阿拉伯人的骨髓，主宰著每一個人的靈魂。阿拉伯人有悠久的商業文化傳統，特別是居於最高地位的酋長式管理決策者，不僅僅是企業利益形象的集中代表，也是傳統倫理道德的代言人和執行監督者。在他們心目中，僅做一個智謀出眾、經營成功的商人，是遠遠不夠的，更重要的是擁有對真主的虔誠，使自我品格不斷得以完善。

阿拉伯人非常重視「商人之道」，他們並不是不愛錢，在歷史上，他們非但沒有把錢視為「汙穢」的心理痼疾，甚至還一直對金錢有一種近乎狂熱的激情。但是，在其傳統中，只有來得乾淨的錢才值得熱愛。這與「君子愛財，取之有道」一脈相通。

在古老的賺錢方式中，放高利貸是最為普遍的一種，即使是今天，頑固保守的阿拉伯地區，這種行為也沒有銷聲匿跡。但是，它又一直被世人所不齒，像過街老鼠，只能存在於社會最陰暗的角落裡。靠欺騙行為，也能很容易賺錢，不擇手段者，同樣如此。但這些都與阿拉伯人奉行的道德標準相違背，所以為大多數人所厭棄。某人一旦遭到社會輿論的譴責，就再無社會地位可言，越是有錢，就越是生不如死。

阿拉伯人善於用辯證的方法看待一個人的貧窮和富有，普遍尊崇「一顆純潔的心比一個鼓起的錢袋好」的價值標準。當一個人貧窮時，常自我告誡：「人可窮，志不可移。」當他富有時，告誡自己的話就變成了「有財富而沒有慷慨大方，正好比有樹而不結果」。

與阿拉伯商人合夥賺錢，一定要把握他們最本質的特性，切不可表現出對金錢的過分狂熱，更不能有對不義之財的貪婪之心。自始至終都應該堅信：給他們一個賺錢的恰當理由，遠比教給他們賺錢的方法更重要。

強制性的法律和非強制性的道德，都是同一社會狀態下的社會規範，在維持社會秩序的作用上。應該是同等的。但是，也因兩者的適用範圍不同，難免有互相擠壓的情況出現。在阿拉伯地區，強制性規範的地位被非強制性規範所擠占，深入這一地區，必須改變固有的觀念。尤其是作為一名商人，嚴守信諾，不欺不詐，是最佳的選擇。

伊斯蘭宗教信仰對阿拉伯地區商業運作的影響是深刻的。一個對真主懷有虔敬之心，同時又懂得如何在商業規定契約之間機智運籌的人，才是一個阿拉伯世界公認的成功商人。

虔誠的伊斯蘭教徒們都有著一顆善良的心，和高尚的道德情操。阿拉伯的商家首先考慮的不是如何賺到一筆錢，而是如何樹立起一塊牌子、一個口碑。樹立一個的良好信譽和聲望，是踏上成功之路的通行證。

2. 沿襲傳統，官商一體

今天我們卻看到這樣一種現象，在阿拉伯地區，商就是官，官就是商。在繁華而時尚的今天，阿拉伯商人依然保持著這種原始的官商一體經營風格，在競爭激烈的商海中，他們始終保持著傳統與現代、保守與開放相結合的傳統經營模式。並且深深信奉著：成功來自堅定的信仰和求真務實的態度。

阿拉伯國家的酋長式社會模式，一直延續至今，家族式經營是企業的基本結構形態。公司的總裁就像是部落的首領，在管理決策方面，擁有至高無上的權力，下屬除了絕對服從其決策命令，沒有第二種選擇。即使明知決策可能錯誤，也不能直接提出異議，只有先執行，然後再以巧妙的方式傳遞資訊，讓決策者自己認識到錯誤，採取修正和補救的措施。

這種最原始的管理模式，看起來與現代社會的要求那麼格格不入，外人也很難想像，阿拉伯人的企業，憑一己之力的極權管理，同樣能夠取得優異的業績。其實很簡單，在阿拉伯地區，擔任一個企業最高決策使命的人，無論經驗和智慧，都是此一團體中最為傑出的，品格和風度也是最優秀的。擁有絕對的權力，又不濫用權力，是他們贏得長久尊重的基本條件。

隨著「石油美元」的大規模湧人，阿拉伯地區的開明君主日益關懷百姓的社會福利對象，但另一方面，王室成員也紛紛涉足商界，幕後導演坐收漁利。近年來，這些「商業機密」被那些深知阿拉伯商界底細的西方商人頻頻公開，輿論界也大肆鼓噪，但卻始終沒能構成對阿拉伯商界的衝擊和威脅，阿拉伯王室也並未因此而損傷元氣。

王室的政治影響是阿拉伯商業體系的重要因素，但是這種古老的官商一體管理模式中還有一些更讓人匪夷所思的內幕。

近十多年來，王室成員直接經商更是逐漸形成風氣。他們有的依靠投資而贏利，有的則乾脆為阿拉伯商人和西方公司爭取合約，抽取佣金和回扣。與此同時，成功的阿拉伯商業家族大多與王室、政府存在著千絲萬縷的聯繫。「官商」與「半官商」是阿拉伯商界的獨特現象。

王室成員直接參與商業行為，在阿拉伯是非常普遍的現象。在商業行為中，明目張膽賄賂政府官員，當然是受人非議的，但在阿拉伯絕沒到千夫所指的地步，至於私下裡的某種交易，心知肚明者也大都坦然視之。

對於商人來說，一旦失去了王室和政府的信任，或者與權力人物發生不可調和的矛盾，無論這個商業家族多有實力，都必將陷入敗局。

阿拉伯最負盛名的富商卡索吉，在阿拉伯商界，乃至世界商業界，都稱得上是一個特例。他本人的出身非常普通，既非王室成員，也從未在政府中任職，但在述及自己的成功之道時，他總是非常坦率訴說自己與本國政府之間的「親密合作」關係。

他是以一個擁有特殊背景的平民商人形象出現於商業舞台的。這一平民身分使他能夠開拓一條不受官方干擾又能發揮同樣效應的路。透過他這個中間人，權力階層和金錢勢力不必直接冒險接觸，卻能有效達成交易。西方大公司贏得巨額訂單，王室獲得「合理」回扣，卡索吉則酌情抽取佣金。

卡索吉在與其他西方大公司官員談判時，他總是提出需要更高的佣金來支付「其他方面的開支」。何謂「其他方面」，卡索吉始終迴避，其他人也心照不宣，「其他方面的開支」其實是卡索吉賄賂沙烏地阿拉伯官員開銷的用語。

阿拉伯鉅賈的賄賂手法巧妙多變、不動聲色、出手大方，而像「塞紅包」這樣的行賄，他從來不採用，因為這只會侮辱和惹惱親王們，同時也不合乎他這等體面商人的身分。

卡索吉舉例說：「也許我會把一幢房子以一萬美元的價格賣給一位沙烏地阿拉伯將軍，然後，我立刻會以五萬美元的價錢把它租回來。租期十年，租金在合約簽署時一次付清。」

有的鉅賈是為某位親王裝飾安置了在瑞士的那所俯瞰日內瓦湖的別墅，或者是，他悄悄為某位親王蓋了一座行宮，等等。行賄就像在聖誕晚宴上相互換酒以示敬意一樣，這種作為是阿拉伯商人表示敬意的獨特方式。但是，在富庶的阿拉伯世界，聖誕火雞或名酒卻換成了一條豪華遊艇或一架波音飛機。

入鄉隨俗，到什麼山唱什麼歌，這是人類適應環境必備的能力，對生意人來說，沒什麼比賺錢更重要了。阿拉伯地區憑藉石油資源的巨大優勢，經濟發展迅速上升，社會福利條件的形勢大好，使普通平民對政治總是保持非常信任和樂觀的態度，再加之歷史沿襲而來的價值觀念，使他們對國家政治和政治權力人物頂禮膜拜，根本不在意商人和政府的合作會損害自己的利益，對外界之人認為一切不合情理的現象，也能坦然承受。

在此背景下，與阿拉伯商人的合作，絕不能放棄最大的資源優勢不用，倚重當地政府，與之建立親密的合作關係，將保證自己無往而不利。反之，就會捉襟見肘，舉步艱難了。

3. 把誠信奉為最高商法

阿拉伯商人是當今世界商業舞台上充滿魅力的群體。他們別具一格的經營方式、思維方式和生活方式一直是人們關注的焦點。他們的身上交融著偉大的伊斯蘭傳統和現代商業理念的精華，向整個世界展示著古老文明和石油新富的智慧風采。

阿拉伯人信仰伊斯蘭教，雖然隨著歷史的演進，伊斯蘭教在不同的國家、不同的地區，衍生出許多分支，各國家、各教派之間，也常發生一些利益衝突，但就像所有阿拉伯人都裹著頭巾，都敬奉真主一樣，他們都把誠信奉為立身處世之本。

一九八〇年代，伊拉克和伊朗兩國為爭奪利益，發生了曠日持久的戰爭，對兩國的經濟發展和民眾生活帶來了深重的災難，但在這長達近十年的戰火硝煙中，每到齋日，對壘陣前的兩國士兵都會自動放下武器，虔誠祈禱，從沒有哪一方想到要趁此良機去攻打對方。按慣常的邏輯，戰爭是最野蠻的解決爭端的方式，根本沒有道理可講，又哪裡談得上誠信，阿拉伯人的此等作風，實在令人難以理解。

當今世界，人們普遍認為，阿拉伯經濟是以石油輸出為唯一支撐，其實並不盡然。他們的商業文化有悠久的歷史，經營範圍無所不有，誠信為本的經營理念，也滲透於每一側面、每一環節。

阿拉伯商人把誠信的經營理念放在第一位上。他們認為，商業競爭在一定意義上就是企業形象的競爭，建立一個卓越的品牌形象遠遠重要於攫取一時的蠅頭小利。阿拉伯商人的形象設計包括眾多基本商業道德規範，歸結起來，就是如何以誠信創立自身的信譽。

阿里雷扎家族有這樣一句名言：「你絕不可能在一夜之間買來誠信，但你完全可能在一夜之間完全喪失它。」阿里雷扎家族的長老們極其關注外界輿論對家族經營狀況的評價。在產業的發展過程中，「阿里雷扎商業哲學」包括誠信、慷慨、勤勉、自律、舉止得體、富於教養等基本的信條。

托威爾公司是一家知名度非常高的大公司，該公司的總裁蘇爾坦先生，不僅自己以身作則，對公司內的員工管理也非常嚴格。他對下屬們講得最多的話，就是：「誠實的品格將建立起別人對你的信任，並會使人在任何時候伸手幫你，銀行對你的態度，也主要取決於你的信譽。」

誠信是阿拉伯商人奉行的最重要信條。欺騙不僅違反道德傳統，而且必將有損於商業利益。阿拉伯商人重視自身的修養和人格的完善。

一九二〇年代，在吉達港，阿里雷扎家族的阿卜杜勒和尤蘇夫以及他們雇傭的印度職員是僅有的幾位懂英語的商人，其他商人收到英文電報都要拿去阿里雷扎公司，請幾位印度職員翻譯。阿卜杜勒和尤蘇夫從來不去窺探這些商情電報，他們反麗。還命令手下的職員必須為求助的商人忠實服務，絕對不准洩密。

誠信是伊斯蘭教信仰的基石。

阿拉伯人的《古蘭經》，如同基督教裡的《聖經》，裡面有相當直率的勸戒：「你們應當用足量的升斗。你們應當用公平的秤秤貨物，你們不要剋扣他人應得的貨物。你們不要在地方上為非作歹，搬弄是非。」每個民族的精神寶典，都教導民眾怎樣修身養性、完善品格，但像《古蘭經》這樣明確教導商人怎樣自我約束的典籍，實屬罕有。

擁有廣泛影響力的《聖訓實錄精華》也說：「倘若他們在買賣時說實話，不隱瞞商品和貨幣的缺陷，那麼他們的買賣定會興隆，倘若他們隱瞞商品和貨幣的缺陷，買賣時講假話，興隆的買賣定會毀掉。」

對宗教的虔誠態度，使阿拉伯商人具有超強的自律性，累世的循循相因，使現代的阿拉伯商人把誠信作為最高的行為準則，貫穿於企業的經營管理之中。

對於阿拉伯商人來說，所謂誠信，就是貨真價實，就是提供優質的商品和優良的服務。阿里雷扎家族的致勝祕訣就是：「誠信並不是源於你的貨比別人便宜一個美分。而在於消費者最終發現你的貨色品質優於其他的競爭對手。」

托威爾公司的總裁蘇爾坦每天早晨都要巡視公司總部，指導年輕人工作。他認為，一個年輕人一踏進商界，就必須時刻保持一種誠信的心態和姿態。他反覆訓導：「誠信的品格將建立起別人對你的信任，並會使人在任何時候伸手幫你，銀行對你的態度也主要取決於你的信譽。」

在阿拉伯民族中，自己要講誠信，不騙人，同時也對騙人行為深惡痛絕。受騙之後，損失了的不僅是金錢財物，更主要的是損害了自己的人格尊嚴。

阿拉伯民族這種誠信公平的美德，對於今天被形形色色的欺詐折磨得暈頭轉向的人們來說，是一塊芬芳的綠蔭。這種穆斯林的道德準則和處世方式，贏得了世上億萬人的尊重，這也是人類一筆彌足珍貴的財富。

4. 古老情調，和氣生財

一隊隊性格堅韌的商人，從封閉荒寂的阿拉伯半島走出來，他們浩浩蕩蕩的駝隊穿越重山大漠，船隊駛過深海大洋，走向世界各地。不僅創造了財富，創造了文化，創造了智慧，而且創造了一種卓越的民族性格和精神，創造了在世界民族之林高標獨樹的富強國家。今天掌握著千百萬美元生意的阿拉伯富商，他們的成功與血脈裡流動著的祖先強悍智慧的血液有必然關係。

長久的歷史積澱，造就了阿拉伯商人獨具一格的商業經營理念，他們在原始而又古樸的商業經營模式之下，往往蘊含了許多亙古不變的商業經營技巧。靠「和氣」生財，就是阿拉伯商人奉行的制勝法寶之一。

在商品社會中，微笑服務不僅是對客人的尊重和自我修養的完善體現，更是對顧客威脅最大的誘惑，越是甜蜜的微笑，背後就越隱藏著可怕的陷阱，就越會讓顧客在不知不覺中打開自己的錢袋。

由於阿拉伯人聚集的西亞海灣地區，以盛產現代工業社會血液的石油而著名，同時，這裡乾旱燥熱的氣候，貧瘠的土地，生活物質的匱乏也非常著名。這也是阿拉伯商業文化歷史優先發展的起始點。

生活物質難以自給，阿拉伯商人唯有深入到其他地區，在帶回這些必需品的同時，也順利創造自己的商業利潤。百貨零售業在這一地區，成為極其重要的主導性產業，除現代化的大型超市和購物中心，形形色色、鱗次櫛比的各種小型店鋪，構成了這一地區獨具特色的社會景觀。

什麼行業賺錢，商人就往什麼行業鑽，是亙古不變的商業經營法則。這直接導致了熱門行業的競爭變得非常激烈。

阿拉伯的集市裡，洋溢著古老東方情調，但是形形色色鱗次櫛比的店鋪，其中不少是百年老店，斑駁的外牆和陽台式凸出的窗戶顯示出歲月的印痕。煙霧繚繞的咖啡館裡，男人們悠閒吸著水煙，聊著開心的話題......來自世界各地的旅遊者喜歡這裡別具一格的情調，每天都有無數的好奇者慕名而來。

阿拉伯的老闆們信奉和氣生財的原則。無論他們的「刀」磨得多快，無論他們「斬」人如何兇狠，面對不同膚色、不同信仰的顧客，他們總是竭力營造出寬鬆和諧的購物氛圍。無論你怎樣挑剔，無論你被「斬」之後怎樣氣惱，迎接你的永遠是一張笑容可掬的臉，讓你哭笑不得。老闆們懂得心理因素對顧客購買行為的影響，和睦的氣氛能刺激顧客的購買欲望，並且能增加商品的附加值。

在開羅有一個名叫罕·赫利利的傳統集市。該集市的阿拉伯老闆們信奉「和氣生財」的原則，面對各式各樣的旅遊客人，他們總是竭力營造出寬鬆和諧的購物氛圍，無論客人如何挑剔，挨「宰」後如何氣憤，迎接你的永遠是一張笑容可掬的臉，讓你哭笑不得。

有一次，一名留學生陪一個朋友在該集市裡買衣服，旁邊冒出一個老頭，熱情幫他們挑選，並和他們搭訕。等買完衣服後，老頭便請他們到他的香水店去坐一坐。而且說，他們不一定非要買香水，只是想和他們交個朋友，一起喝杯茶而已。但就在他們坐下喝茶之際，老頭卻開始推銷自己的香水，並表示願意便宜一點賣給他們。如此盛情之下，他們實在無力回絕，最後每人買了一瓶香水。

正是這種主動出擊的微笑服務，使許多人在不知不覺中挨了「宰」，或者在無可奈何中購物。阿拉伯商人對「老外」們的刀真是磨得飛快，因為「老外」初來乍到，人生地不熟，而且大多是出手大方的旅遊客，因此阿拉伯商人的刀必然是「血淋淋」的。這些老闆善於觀察，別以為他在和你閒扯，其實是探察你的底細。有一次，一位留學生路過一家珠寶店，店主迎上來用日語和他打招呼，他便隨口回了一句日語，誰知這句日語卻差點使他挨一大刀。店主認定他是一名富有的日本人，所以當他問起一顆極普通的「金沙石」的價格時，店主一口咬定一百二十埃鎊。學生知道自己被誤「宰」了。

百貨零售在阿拉伯地區的確很能賺錢，從業人員很多，競爭自然激烈無比。對此，阿拉伯商人非常重視對顧客的爭取，奉行和氣生財的原則。

在阿拉伯商人的店鋪裡，無論顧客來自什麼地方，他們都一視同仁笑臉相迎。

和氣生財之於阿拉伯商人，只有開始，沒有結束。市井間常有一些目光短淺的商家，為了促成交易，也會把和氣寫在臉上，甚至誇張到了讓人感覺肉麻的地步，但一件交易完成，抑或交易不成，立刻又變換一副嘴臉。阿拉伯商人則不然，即使交易不成，他們的笑臉仍是那樣迷人，仍是那樣充滿魅力。

5. 向男人推銷女人用品

商業成功的奧祕在於經營者不斷變革自我，超越自我，故步自封、一成不變的經營原則只會帶來自我的萎縮和停滯。阿拉伯商人一直以來都是保守的，因為他們始終信守著傳統的商業信念，因此，如果勇於嘗試一切充滿活力的全新管理和經營模式，就能創造出巨大的效率。

伊斯蘭教興起以前，「蒙昧時代」的阿拉伯人，如同東方其他民族一樣，有著根深蒂固的重男輕女觀念，較為極端的甚至活埋女嬰。《古蘭經》對此嚴厲抨擊——「當他們中的一個人聽說自己的妻子生女兒的時候，他的臉黯然失色，而且滿腹牢騷。他為這個噩耗而不與宗族會面，他多方考慮：究竟是忍辱保留她呢？還是把她活埋在土裡呢？真的，他們的判斷真惡劣。」「你們不要因為害怕貧窮而殺害自己的女兒，我（真主自稱）供給他們和你們。殺害她們確是大罪。」

可見，阿拉伯人的重男輕女現象是極其嚴重的。在阿拉伯國家，絕大多數購買商品的消費行為均由男子決定，這是中東市場獨特的消費特徵。可以說，儘管女性也是一支巨大的消費力量，但是，阿拉伯市場是以男性為軸心的。不理解這一帶有阿拉伯特色的性別差異，就會對阿拉伯市場的某些現象困惑不解，就會在貿易往來中產生文化障礙和誤解。

在大多數人的腦海裡，阿拉伯婦女總是與面紗聯繫在一起的。面紗遮住了阿拉伯婦女美麗的臉龐，也遮蔽了她們與外界溝通的管道。

阿拉伯人信奉伊斯蘭教，在該教教義裡，男女之間的界限非常清楚，因而阿拉伯人的男女地位懸殊，也極為明顯。一個男人，同時擁有幾個女性做妻子，在阿拉伯地區是合理合法的。唯一需要滿足的條件，是這個男子必須平等對待這幾位女性。在以一夫一妻制占絕對主導地位的現代文明社會。阿拉伯人男尊女卑的社會觀念，是多麼的不可思議，但這一傳統事實由來已久，外力根本無法改變。如果你是一個想賺錢的生意人，就根本沒必要考慮這一現象是否合理，而是怎樣去有效利用，賺自己該賺的錢。

因為男尊女卑，男性在家庭經濟中的支配地位，是無法動搖的。女性不僅無權獨立支配自己的經濟生活，而且無論美醜貴賤，都無一例外用一張面紗遮住自己，在街上行走也是步履匆匆，連與人交流談話的行為也被視為不軌之舉。

《古蘭經》說：「告訴女信徒們要謙卑。眼睛向下看，面紗拉至胸前，盡可能不顯露她們的首飾。也不要跺腳，否則被遮掩著的飾物會露出來。」在某種意義上，面紗實質是一種藩籬，婦女與外界溝通必須依靠男子的仲介，消費行為也不例外。

女性在生活中沒有處分自己經濟行為的權利，但她們既然要生存，就要消費，就會暗藏商機。在阿拉伯地區，男人支撐家業，也負責幫助女性代購日常用品。在他們眼裡，這不僅僅是權利和榮耀，更是一種責任和義務。

即使在今天，阿拉伯還在提醒去那裡訪問的西方婦女不要穿暴露四肢的服裝。在阿拉伯，男女混合的游泳池是被禁止的，電影院也是非法的，因為他們認為，男女在黑暗中坐在一起會變得興奮。

在伊斯蘭社會，男子承擔著家庭的經濟責任，占據著社會的主導地位。阿拉伯男子允許同時擁有四個妻子，條件是他必須平等對待她們中間的每一個。這是阿拉伯社會長期沿襲的世俗約定。其他國家的貿易商躋身中東市場，必須充分意識到這種文化差異對商業格局的影響。在今日的阿拉伯國家，男人多妻的現象仍然存在。

局外之人很難理解一夫多妻制度下的男性，會對女性有多尊重。但事實恰好相反，特別是在現代多元文化的浸染之下，阿拉伯的男尊女卑，並不影響男人對女性的關愛和尊重。特別是身分和地位越是高貴的阿拉伯男人，越是如此。

這一傾向反映於阿拉伯地區的商業經營領域，又衍生出許多對女性用品特別熱衷的商人。了解這一現實，向阿拉伯商人推銷女性用品時，就可以盡可能落落大方一些，而且還可以善加利用阿拉伯商人的自尊。通常情況下，精明的阿拉伯商人倒不喜歡對女性用品的價格斤斤計較，只要你巧妙找尋突破口，打動合作者的心，就不愁賺不到錢。

6. 知人善任的智慧

人各有所長，劉邦善將將，韓信善將兵，如果劉邦妒嫉善將兵的韓信，劉邦也就難成帝業。現代商業已發展成一種社會化的流程，需要不同專業技能的人員共同協調參與。因此，善於用人便成為成功商人最起碼的素養。阿拉伯商人御人有術，尤其是他們寬容而熱情的態度，吸引了無數人才忠心耿耿為他們服務。

阿拉伯頭號鉅賈卡索吉，他的為人，在一些方面令人不能恭維，但在用人上面，卻實在令人信服。

作為可以頤指氣使的大商人，他能夠容忍手下人迥異的個性。他不將人綁死，而是讓每個人都有一方自己的個性自由空間，這樣才能保持個人的活力和創造性。

卡索吉創立了一個國際性聯合大企業三聯公司，該公司挑選了一百四十名雇員，這些雇員都是「三聯型」人才的最佳樣板。負責三聯公司物色人才的是卡索吉的助手麥克勞德，此人雖沒有顯赫的學歷，但具有一種為夢想和榮譽勇於獻身的精神。他是第一個向卡索吉承認自己沒有任何經商經驗的人，他的誠實和理想主義深深吸引了卡索吉，卡索吉很快便將他提拔為助手。

卡索吉認為，典型的「三聯型」人才必須具有機敏過人的商業頭腦，異想天開的理想主義情結和禮貌周全的為人。卡索吉對雇員是無比寬容的，他從來都是用人之長，絕不會吹毛求疵或嫉賢妒能。

西爾比曾做過美國經濟事務副國務卿幫辦，他與卡索吉的第一次會面是在巴黎的一家大飯店。其時，卡索吉和他的顧問，以及西爾比三人共進午餐，邊吃邊聊。當話題談到以色列這個在阿拉伯世界極其敏感的問題時，卡索吉的顧問說，幫助以色列對美國並沒有多大的好處。西爾比卻針鋒相對：「我們幫助以色列恰恰和我們的利益相關，否則這一做法也不會得到美國人民的認可。」西爾比如此直率的態度讓那位顧問大吃一驚，但卡索吉卻很欣賞這種風格。他認為雇員絕不是乖順的奴隸，他喜歡自己的雇員應該有獨立的大腦，不必為了迎合上司而陽奉陰違，這樣的雇員才能最大限度挖掘自己的潛能和創造性。因此他果斷錄用了西爾比。

有一位叫詹姆斯·弗蘭納里的人，是卡索吉的管家。弗蘭納里個性很強，據說他小時候，母親領他去看遊行，指著騎高頭大馬的王子對他說：「王子的鼻子長得跟普通人沒什麼兩樣。」意在培養他的自尊，摒棄奴性。家庭教育和個人的天性，使弗蘭納里生成一種傲視權貴，耿直不馴的秉性。

卡索吉在個人生活方面極為放縱，弗蘭納里對此很反感，這種反感常常溢於言表。一次，卡索吉的助手要弗蘭納里把兩名不合心意，其實是感到不新鮮了的應招女郎趕出門去，結果遭到弗蘭納里的斷然拒絕。按常規，對於富可敵國、聲威赫赫的卡索吉斗膽抗旨，結果是極糟的。但卡索吉大度寬容了他，因為卡索吉明白弗蘭納里是個有才能的人，自己的寬容能夠博得他更大的忠心。

寬容使卡索吉產生了很大的人格魅力，常常化干戈為玉帛。

一九七九年冬天，一個名叫派特爾的人，冒充卡索吉的兒子行騙。為了能獲得行騙證據，他向一家電話公司申請安裝一部電話，並聲稱由卡索吉聯合公司轉帳付款。於是，他得到了一張寫有卡索吉兒子的電話安裝申請單。接著，他打電話給美國運通公司，自稱是卡索吉的兒子，需要辦一張信用卡。美通公司正愁沒機會巴結卡索吉，所以當即通知派特爾到辦事處領取信用卡。按照規定，辦卡人必須出示身分證，派特爾擺出一副通常不帶身分證的有錢人樣子，隨手將那張電話安裝通知單拋給了辦事員。辦事員討好心切，忙將信用卡乖乖送給了派特爾。

用這張「金卡」，派特爾購買了豪華的服飾用品，將自己包裝了一番，住在了倫敦一家豪華賓館。

派特爾打電話給法國一家著名房地產公司的經紀人，要在法國購買一處高級別墅。那位經濟人一聽派特爾的身分，當即飛往倫敦，準備陪這位財神爺去法國購買別墅。

當時，卡索吉正住在坎城的小十字架賓館，不知詳情的派特爾也去了這家賓館，並亮出了他那張卡索吉的名片。服務員看出破綻，喊來了員警。這個本不高明的騙子原形畢露。卡索吉知道這件事後，只是一笑置之。

卡索吉公司的審計員，發現公司的一位雇員從卡索吉手中盜用了十萬美元。卡索吉只要那位雇員歸還了五萬美元，並繼續雇用他，而且成為好朋友。那位被卡索吉寬容了的雇員，對卡索吉感恩戴德，從此全心全意為公司效力。同時，卡索吉的做法，在公司引起了很好的反應，大家都對他敬佩擁戴，這自然也化作了工作的動力。

大凡人才，難免有個性或有缺點，只要能出色完成工作就是最好的衡量標準。

7. 讓人無法理解的財務管理

經商賺錢，天經地義。為了賺錢，無商不奸，是很正常的；為了賺錢，錙銖必較，也是必需的。嚴格規範科學有效的財務管理制度，更是現代化商業經營的起碼要求和成功保障。但在阿拉伯地區，就像他們棄絕漂亮的辦公大樓，喜歡潛伏於低矮的辦公區裡一樣，財務管理的狀況同樣非常令人不可思議。

在阿拉伯地區，維繫社會活力的最重要因素，不是法律等強制社會規範，而是宗教信仰和家族觀念等抽象的精神束縛。在家族企業內部，細密的制度，嚴明的紀律，也被道德、人性等軟性標準所替代。

阿拉伯公司的財務制度和觀念是相當滯後的。他們仍然沿用傳統的理財方式。處理公司的財務問題。他們把財務管理建立在信用和誠實的道德原則上。把道德、「面子」與理性化的財務管理糾纏在一起．以至於在國際市場的競爭面前常常顯得捉襟見肘。

在阿拉伯商界你可以看到這樣一個不可思議的現象，許多年產值高達一億美元的大公司居然只有一個銀行帳戶，甚至資產超過數億美元的超大規模公司，阿拉伯商人也是依樣畫葫蘆如此這般，這讓西方的企業管理者實在是無法理解。

他們一般是由家族成員將各自的贏利通通投進這個帳戶，而其他任何部門，如貿易部、資產發展部、大大小小的公司等，只要隸屬於家族公司的名下，都可以自己從這個帳號中提款。公司總裁監控這個帳戶的盈虧情況、檢查下屬職員的提款報告。他充分信任下屬分公司或部門經理在財務管理上的道德品行。他定期指派各級經理去銀行提取大筆現金，這筆數額巨大的現金包括職員的薪水、辦公費用、投資款項等一系列分公司或部門發展的資金，然後由經理們全權處置，而不是像西方公司那樣由總公司將錢款劃入分公司的帳戶內。

有一家美國大公司的高級管理層，前往沙烏地阿拉伯一家著名的公司考察，謀求合作事宜。正值雙方高層人物相談甚歡時，這家公司的一名下層管理者逕自闖入，報告因購買一批汽車需用現金。公司總裁於是給了他二點五萬里亞爾，但卻連字條都沒留下一個。不久，那人又回來，說款項不夠，於是又提出四萬里亞爾。此後又來兩次，情形依舊。

美國客人除了瞠目結舌，沒有其他反應。

在宗教和道德力量的維繫下，阿拉伯大公司採用這一做法，總裁作為最高的決策者和監督者，只要注視帳戶的盈虧狀況即可。他們沒有嚴格的財務管理制度，應該開支時，甚至連基本的會計報表都無須提供，投資款項也不需要申請和批覆，這在西方人眼裡，這都是不可思議的事情。但阿拉伯人長期如此，已經習以為常，而且在短期內也無法改變。

阿拉伯商人的傳統經營理念，還表現在對待銀行的態度上。從銀行貸款到負債經營，幾乎是全世界都認可的商業經營手段和模式，但阿拉伯商人卻有點不屑一顧的味道。傳統的阿拉伯商人對銀行貸款不感興趣。貸款對於解決資金短缺和增強企業擴大再生產能力具有不可低估的作用。但是，在阿拉伯商人的眼裡，財務自足是一種商業美德，借錢則是丟人的事。吉達港的大商人哈辛·阿里雷扎是世界上最大的 MAZDA 汽車進口商。他從來沒有向銀行借過一分錢。卡努家族也極少貸款。他們在一九七四年以後的產業擴大完全是依靠自身的利潤積累，儘管許多西方雇員向他們的阿拉伯雇主進言。如果盡可能用足貸款，他們的發展速度和強度將更大。

阿拉伯商人的這種人格化財務管理固然有效，但顯然難以適應現代市場經濟的發展要求。我們在承認其積極作用的同時，也不能忽視了這一系列根深蒂固的傳統，有自縛手足之嫌。

沙烏地阿拉伯巨富卡索吉也是一個善於生財卻疏於理財的商人，沒有一個會計師弄得清楚他那混亂的財務體系，連他自己也從不關心，甚至有個別品行低劣的雇員從他腰包裡竊取錢財，他也無從知曉。進入七〇年代以來，新一代阿拉伯商人借鑑西方的財務管理，改革阿拉伯公司，同時傳統觀念也開始演變，貸款開始成為一種經商智謀而受到推崇。

如今，巨額「石油美元」像潮水般湧入阿拉伯地區，使阿拉伯商人迅速成為世界商業競技場上舉足輕重的角色，也把他們全方位推向世界一流的經營管理層面。隨著腰際錢包的日益膨脹，阿拉伯商人也開始經歷著一場自我的深刻變革。傳統的阿拉伯商業以家族經營為主導，帶有明顯的部落宗族制的遺痕，而今家族公司、家族股份公司與個體資本並駕齊驅，市場日益國際化，競爭日趨激烈，迫使阿拉伯商人引進和採用現代管理行銷理論，開創全新的商業格局。然而，由於阿拉伯商界近幾十年來的「暴富」是「石油美元」強刺激的結果。因此，超前發展的商業規模與滯後的經營觀念之間的巨大落差仍然存在，阿拉伯商人探求自我發展的道路還很漫長。

8. 與阿拉伯人打交道的智慧

清真寺裡的世界，是一個徹底平等的大同世界。首先，成為這個世界一分子的資格不是由人授予的，而是透過自覺自願的行為，即順從阿拉的行為而得到的。在阿拉伯國家，存在著世界各地不同的文化與習俗。在那裡人們都很重視對家庭和朋友所承擔的義務，這和他們生存的環境緊密相聯。在嚴重缺水的沙漠，一個人只靠自己的力量是很難生存下來的。人們互相提供幫助、支持和救濟。真誠的關係在社會生活中占統治地位，或至少有支撐作用。

阿拉伯商人都是信奉伊斯蘭教的教徒。伊斯蘭教的聖地麥加和麥地那，每年有幾十萬來自世界各地的穆斯林到聖地來朝拜，非穆斯林不得進入。

外國人去阿拉伯無論是誰都必須像當地人一樣受嚴厲的伊

斯蘭教法律的管束。酒精、色情物品、豬肉、麻醉劑等物品都是被嚴厲禁止攜帶入境的。阿拉伯的法律非常殘酷：小偷會被砍手，死囚會被當眾斬首。

阿拉伯地區是伊斯蘭教色彩非常濃厚的地區。西方的觀念很難融合到他們的價值體系中去。在阿拉伯，男性為決策者。一般要集體統一討論後，他才可以做出抉擇。個人必須服從家庭、部落或是團體。只有正確理解運用神聖的法律教規，才能找到所有問題的答案。

阿拉伯商人不認為準時是一種美德，他們缺乏守時觀念，儘管雙方事先已約好了會談時間，但阿拉伯客戶遲到一刻，甚至半小時的現象卻司空見慣，有的可能會乾脆不露面。對此你不必大驚小怪，當然，不排除有的阿拉伯客戶故意這樣做，以使你在心理上處於不利地位，以期做成一筆對他們較為有利的交易。但無論怎樣，你還是應盡量準時。

和阿拉伯商人交往或洽談生意，按一般慣例，提出要求的一方（包括國外的商人）必須等待，你不要指望一天能赴兩個以上的約會。

與阿拉伯商人見面之前，你需要在阿拉伯找一擔保人。作為中間人，他會安排你和適合的人見面。

有經驗的人都知道，與阿拉伯商人合作，不外乎以下一些手段和方法：首先最好是與王室建立某種特殊關係，只要有心，就不愁沒有機會和突破口，至於具體措施，最好是靈活機動一些。其次是獲取參加王室招待會的機會，這是廣泛結交權貴的天賜良機。編織的網越大，獲得的機會也越多。最後值得注意的是，公開行賄拉攏的方式，在現今越來越被高明者所棄用。如能說服有關人員加入自己公司的股份，作用無疑和投保一樣重要，而且會卓有成效。

習慣上，阿拉伯官員一天工作時間不超過六個小時。要想約見他們，最好時間是在上午。由於夏天很熱，一些阿拉伯商人天黑後才工作。他們可能會要求在晚上或午夜前的任何時間約會。

星期五是穆斯林的宗教節日，這天不做生意。許多人星期四也不工作。工作日從星期六開始，到下星期三結束。政府工作時間是星期六到下星期三的上午七點半到下午兩點半。

記住伊斯蘭教曆中一月只有二十八天，所以伊斯蘭教的一年只有三百五十六天，在檔案上，必須注明兩種日期：一種是西曆日期，另一種是伊斯蘭日期。

在阿拉伯，有兩個人人都重視的節日：開齋節 —— 開齋的節日。這是一個持續三天的宴會，以慶祝齋月的結束。古爾邦節 —— 聖餐的宴會。在伊斯蘭教曆中二月的第十天開始，也持續三天。在這兩個節日期間，不可以談任何生意。

良好的信譽是企業獲取社會信任的最好保證，阿拉伯商人貫徹以誠信打動顧客，若有心與阿拉伯商人合作，自己也要以誠信當頭，不可讓對方感覺有隱瞞欺騙的傾向，否則，一切都無從談起。

談判時，阿拉伯商人不信任談判代表，總希望與製造商直接談判。阿拉伯客戶總是身兼進出口批發商、經銷商、零售商，往往兼營多種進出口商品，且巧舌如簧善於討價還價，與之談生意需要耐心與細心，切忌輕諾，切忌輕易讓步。

對阿拉伯商人的禮拜不可大驚小怪。伊斯蘭教徒每天日出前後、中午、日落前後須禮拜，禮拜時辰一到，他們便會扔下生意不管，一心一意做他的禮拜，因此，與阿拉伯客戶談生意，應設法避開禮拜時間，實在無法避開，不要露出不耐煩與嫌棄的情緒。

阿拉伯商人忌諱左手遞東西，認為這種舉動有汙辱人的含義。在與他們談判時，切忌用左手與對方握手，用左手觸摸對方，或僅把左手放在談判桌上。

阿拉伯商人在談話時，人與人之間的距離比北美人所習慣的近很多。不要退後或躲避。在談話的過程中，往往還會有很多的身體接觸。

在談判時，應多準備一些廣告宣傳材料。與你談判的人並不一定就是主談人。談判時得準備向許多人推銷你的想法。

在談判中，保全阿拉伯商人的面子對阿拉伯商人來說是至關重要的。因此，你可能不得不在一些問題上作出讓步以維護他們的面子，儘管這樣做沒有什麼道理可言。

阿拉伯語是一門誇張的語言。有人對你說「是」，通常意思是「可能」。你可從中得到鼓勵，但不要以為談判已結束。

商務會談快結束時，主人通常會請你喝咖啡。這才是會談快結束的信號。這時候他們還會點上一柱香。

阿拉伯男子之間常手拉手走路。如果有阿拉伯商人握住你的手，應把它看做是友誼的表示。

需要特別強調的是，在阿拉伯人的傳統習慣裡，男女之別壁壘森嚴，女性的面紗是神聖的，在非至親者面前，是不允許摘下來的。

對此禁區，在與阿拉伯商人合作時，應避免觸及。如果你恰好是女性，與阿拉伯商人合作時，交往禮儀就很重要，一定要符合其審美標準，否則，即便衣著過於暴露，都有可能造成意想不到的負面影響。

此外，部分國家的宗教是禁酒的，對他們來說喝酒是直通罪惡的途徑。因此，如果送禮，對禁酒成習的教徒，應避免贈送酒類，因為這種行為無異公然勸他破戒，絕對不能做。

電子書購買

國家圖書館出版品預行編目資料

腹黑經商史：美國大膽 X 猶太心機 X 日本巧取，不懂商人一肚子壞水，下一秒就被生吞活剝！/ 崔英勝，季節著. -- 第一版. -- 臺北市：崧燁文化事業有限公司，2021.07

面； 公分

POD 版

ISBN 978-986-516-627-4(平裝)

1. 商業管理

494 110004738

腹黑經商史：美國大膽╳猶太心機╳日本巧取，不懂商人一肚子壞水，下一秒就被生吞活剝！

臉書

作　　者：崔英勝，季節

發 行 人：黃振庭

出 版 者：崧燁文化事業有限公司

發 行 者：崧燁文化事業有限公司

E-mail：sonbookservice@gmail.com

粉 絲 頁：https://www.facebook.com/sonbookss/

網　　址：https://sonbook.net/

地　　址：台北市中正區重慶南路一段六十一號八樓 815 室

Rm. 815, 8F., No.61, Sec. 1, Chongqing S. Rd., Zhongzheng Dist., Taipei City 100, Taiwan (R.O.C)

電　　話：(02)2370-3310　　**傳　　真**：(02) 2388-1990

印　　刷：京峯彩色印刷有限公司（京峰數位）

定　　價：360 元

發行日期：2021 年 07 月第一版

◎本書以 POD 印製